高等职业教育设计专业教材

时尚男装制版与工艺

马万林 邓春容 主 编

陈　　鹏 尚祥高 副主编

邱小妹 曹春楠

湖南大学出版社·长沙

内 容 简 介

本书选取男装企业的时尚产品作为教学内容，结合服装企业制版与样衣制作岗位的实际工作过程，以工艺单分析、款式结构、纸样设计、工艺制作等工作流程为主线，结合企业的产品开发要求和质量标准，分别对西裤、衬衫、夹克、马甲、西服和大衣的结构设计、放缝排料和工艺设计等进行了详尽的阐述，并对男装特体结构处理进行了分析与介绍，以提升学生对生产工艺单的理解分析能力、纸样造型能力和工艺创新能力。

本书可作为高等职业院校服装设计类专业教材，亦可供服装设计工作人员和爱好者参阅。

图书在版编目（CIP）数据

时尚男装制版与工艺 / 马万林，邓春容主编. — 长沙：湖南大学出版社，2020.1（2024.1重印）
（高等职业教育设计专业教材）
ISBN 978-7-5667-1846-4

Ⅰ.①时… Ⅱ.①马…②邓… Ⅲ.①男服-服装量裁-高等职业教育-教材② 男服-服装工艺-高等职业教育-教材 Ⅳ.①TS941.718

中国版本图书馆CIP数据核字（2019）第271872号

时尚男装制版与工艺
SHISHANG NANZHUANG ZHIBAN YU GONGYI

主　　编：马万林　邓春容

责 任 编 辑：刘旺　蔡京声

出 版 发 行：湖南大学出版社　　　　　　责 任 校 对：尚楠欣

社　　址：湖南·长沙·岳麓山　　　邮　　编：410082

电　　话：0731-88822559（营销部）88821251（编辑部）88821006（出版部）

传　　真：0731-88822264（总编室）

电 子 邮 箱：56181521@qq.com

网　　址：http://press.hnu.edu.cn

印　　装：湖南雅嘉彩色印刷有限公司

开　　本：787mm×1092mm　16开　　印　　张：11.75　　字　　数：286千

版　　次：2020年1月第1版　　　印　　次：2024年1月第2次印刷

书　　号：ISBN 978-7-5667-1846-4

定　　价：48.00元

目录

项目三　宝剑头长袖衬衫制版与工艺

项目四　翻领夹克制版与工艺

项目五　修身四扣马甲制版与工艺

项目六 商务休闲西服制版与工艺

项目七 拿破仑领风衣制版与工艺

项目八 男装特体结构处理

男装制版基础

项目描述：

　　制版是建立在准确的人体数据测量基础之上的，有了准确的人体数据，再加上有效的制版辅助工具和可靠的数据计算方式，才能完成服装样板的制作。鉴于此，本项目将分别对男装测量、男装制作常用工具与设备、男装裁剪注意事项等三个任务进行阐述。

　　学习重点： 人体数据测量、缝角处理、制图工具和工艺设备的认识和使用。

　　学习难点： 人体数据测量和规格设计、缝角处理。

　　学习目标：

　　能根据男装款式对人体进行准确的数据测量，并设计成衣的规格尺寸。

　　能根据男装款式需要准确地使用制图工具和制作设备。

　　能根据男装款式需要按照不同的服装面料进行准确排版和合理裁剪。

　　能进行安全、文明、卫生作业。

任务一　男装测量

1. 测量要领

　　① 被测人体处于自然放松状态，呼吸自然，谈吐自如。

　　② 被测人体通常穿一件衬衫和一条裤子，有条件可以穿紧身内衣和内裤；在腰部系一根细绳或松紧带以便标识自然腰线的位置，特别在测量前后腰节长时要注意使用。

2. 测量指南

　　人体尺寸测量包括对以下数据尺寸的测量（图 1-1 ~ 图 1-3）。

　　① 颈根围：颈根围指脖颈根部的围度，测量时要将软尺立起来测量，取下边缘尺寸（图 1-1 中 a 线围度）。

　　② 胸围：该部位的尺寸测量是最重要也是最不容易准确测量的。在腋下用软尺沿着胸围水平围绕身体一周。需确保软尺在前片测量时要通过胸高点（图 1-1 中 b 线围度）；在后片测量时要通过肩胛骨。在肩胛骨较高的情况下，需要一个助手在后背扶着软尺（图 1-2 中 P 点与 O 点），否则将得到小于实际胸围许多的尺寸。

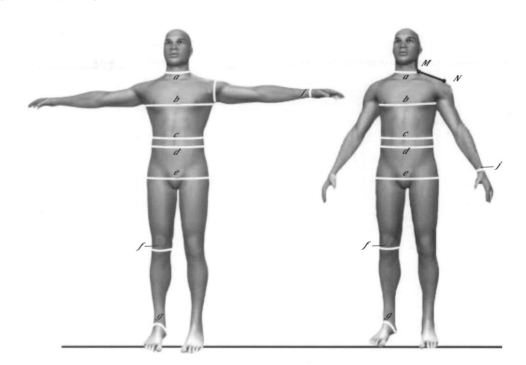

图 1-1　正面人体测量

Q&A：

③ 自然腰围：自然腰围指腰部系细绳或松紧带部位的围度（图1-1中 c 线围度）。

④ 裤子腰围：男裤腰围为自然腰线下方4cm处的围度（图1-1中 d 线围度）。

⑤ 臀围：臀围为臀部最丰满的位置的围度，通常在腹线下方20cm处（图1-1中 e 线围度）。

⑥ 膝围：膝围为膝盖一圈的围度（图1-1中 f 线围度）。

⑦ 裤口宽：该部位的尺寸测量主要根据流行趋势和款式特点并结合穿着者的爱好而定，也可以根据脚踝围度加松量而定（图1-1中 g 线围度）。

⑧ 臂根围：臂根围为围量手臂根部一周所得数据，为衣身袖窿弧线参考长度（图1-1中 h 线围度）。

⑨ 腕围：腕围为腕骨的围度（图1-1中 j 线围度）。

⑩ 小肩宽：小肩宽为从脖颈根部到肩端点（或肱骨上端）围度。当个体肩宽大于标准肩宽时才测量该尺寸（图1-1中 MN 的长度）。

⑪ 袖窿深：袖窿深尺寸通常用人体标准测量尺寸的数据，但当手臂和肩膀非常强壮或者瘦弱时需核对该尺寸。测量时将软尺围绕在腋下的水平位置，从后颈骨到后中心线与软尺相交位置的距离，即为袖窿深（图1-2中 AB 的长度）。

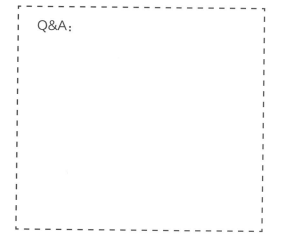

Q&A:

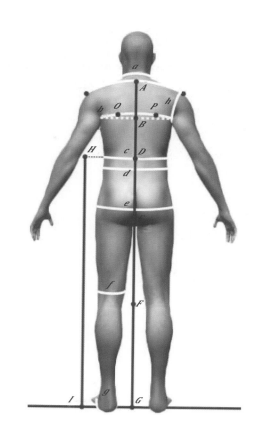

图1-2 背面人体测量

⑫ 自然后背长：自然后背长指后颈椎骨到腰线的距离（图1-2中 AD 的长度）。

⑬ 衣长：衣长为后颈椎骨到所需衣长部位的距离（图1-2中 AG 区间的任意长度）。

⑭ 肩宽：肩宽为从左肩胛骨顶点（或肱骨上端）通过颈椎骨量至右左肩胛骨顶点（或肱骨上端）的围度（图1-2）。

⑮ 内裆长：内裆长为从耻骨点到脚后跟的长度（图1-2中 EG 的长度）。本尺寸可从测得的侧缝长减去裆深计算而来。

⑯ 裤侧缝长：裤侧缝长为从腰线到脚后跟的距离（图1-2中 HI 的长度），（图1-3中 m 线在 QS 区间的长度）。

⑰ 臂长：臂长为从肩端点沿手臂外侧经过肘点到手腕点的距离（图1-3中 JL 的长度）。

⑱ 袖长：袖长尺寸常按照臂长进行加减。

⑲ 裆长：裆长为被测者直立上身坐在凳子上，从腰线到凳面的垂直高度。

⑳ 后背半宽：后背半宽为从后中心线（后颈椎骨下方 15cm 处）到后背袖片的袖窿线离距。为了保障测量数据准确可靠，通常测量整个后背宽再平分。

Q&A：

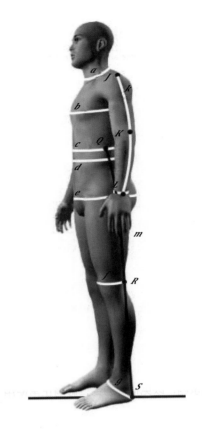

图 1-3 侧面人体测量

3. 检查与评价

请对照表 1-1 男装测量任务评价参考标准进行自查自评。

表 1-1 男装测量任务评价参考标准

评价内容		权重	计分	考核点	备注
操作规范与职业素养（15 分）		5 分		纪律：服从安排、不迟到等。迟到或早退一次扣 0.5 分，旷课一次扣 1 分，未按要求值日一次扣 1 分	出现人伤械损等较大事故，成绩记 0 分
		4 分		清洁：场地清扫等，未清扫场地一次扣 1 分	
		3 分		事先做好准备工作、工作不超时	
		3 分		职业规范：工具摆放符合"6S"要求	
人体测量（85 分）	测量要领	15 分		与被测者保持良好的测量关系，依情节进行加分	不漏项，每处错误、交代不清楚或者漏项扣 2 分，扣完为止
	上身测量	35 分		测量部位、姿势有误每处扣 5 分，扣完为止	
	下身测量	25 分		测量部位、姿势有误每处扣 5 分，扣完为止	
	测量记录	10 分		测量记录有误每处扣 2 分	
总分		100 分			

任务二　男装制作常用工具与设备

1. 常用制版、裁剪工具

常用制版、裁剪工具主要有以下几种：

① 工作台：裁剪及缝制用的工作台面。一般要求台面垫布下垫一层吸湿毛毡，以方便熨烫，并避免极光现象。

② 烫垫：分为圆形烫垫和条形烫垫，是熨烫服装曲面的辅助工具。圆形烫垫专烫服装小跨度弧面部位，如裤子的臀部；条形烫垫则可用于熨烫大跨度的弧面部位，如袖侧缝等（图1-4）。

③ 剪刀：有裁剪专用剪刀和剪线小剪刀两种。专用剪刀刀口锋利，但不可用来剪纸张等其他东西，以免损坏刀锋，影响正常使用（图1-5）。

④ 画（划）粉：在描画衣片或制作前画其他定位线时使用。划粉的颜色有多种，可依据衣料颜色选择醒目的划粉色来标明服装裁片的轮廓线（图1-6）。

⑤ 锥子、镊子：衣领或其他边角部位翻角整形时使用。锥子用于点钻待缝部件的临时记号。镊子还作为缝制过程中的辅助件使用，可有效提高产品的质量，降低缝制难度（图1-6）。

图1-5 裁剪专用剪刀

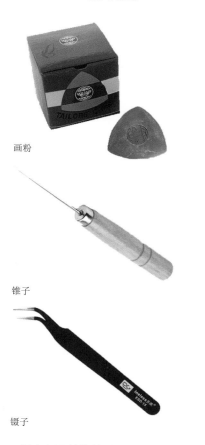

画粉

锥子

镊子

图1-6 画（划）粉、锥子、镊子

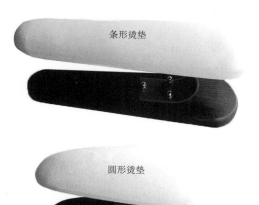

图1-4 烫垫

⑥ 裁剪尺：其中直尺在裁剪或在缝制服装过程中测量缝制部位的规格尺寸，或点画部件缝制记号时用。软尺多在立体测量整体或局部规格尺寸时使用（图1-7）。

⑦ 熨斗：最好用蒸汽熨斗或吊瓶式熨斗。它主要用于服装的面料除皱，成衣的部件整烫和整体熨烫。熨烫时备一把铁熨斗或一重物作为熨烫后迅速冷却的辅助工具，可使熨烫效果更加令人满意（图1-8）。

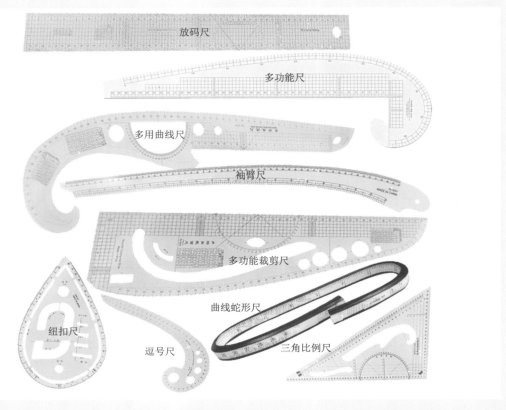

放码尺

多功能尺

多用曲线尺

袖臂尺

多功能裁剪尺

纽扣尺

逗号尺

曲线蛇形尺

三角比例尺

图1-7 裁剪尺

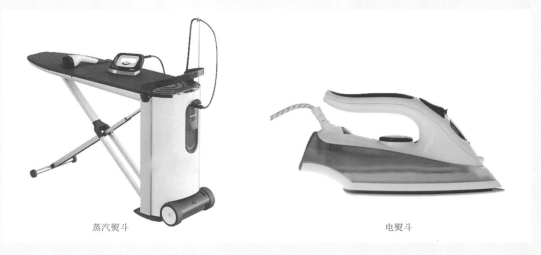

蒸汽熨斗

电熨斗

图1-8 熨斗

⑧ 顶针：方便穿针引线，保护手指，提高工作效率（图1-9）。

⑨ 人体模型架：用于试样、修正裁片和检验成品效果（图1-10）。

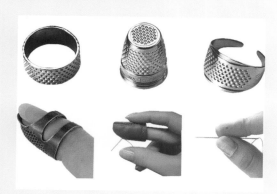

图1-9　顶针

图1-10　人体模型架

2. 常用设备

男装制作常用设备主要有以下几种：

① 平缝机：是服装缝制最基本的机械设备。除家用缝纫机外，用于工业化生产的平缝机按其运转速度可分为中速和高速两类。现在的平缝机很多都已用电脑进行程序控制，大大提高了缝制精度和工作效率（图1-11）。

② 黏合机：是一种顺应当代黏合工艺而发展起来的专用设备。衬料与面料的黏合，使得服装的外观挺括，手感柔软，服装的耐洗性及洗后的保形性明显优于过去的覆衬工艺（图1-12）。

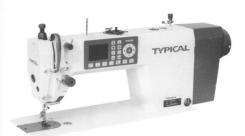

直驱高速平缝机

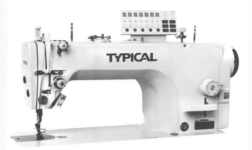

直驱高速电脑平缝机

图1-11　平缝机

图1-12　黏合机

Q&A：

③ 其他专用设备：如整体熨烫机、局部熨烫机等专用工艺设备，这些设备的使用可使服装产品的产量与质量都得到有效的保证（图1-13）。

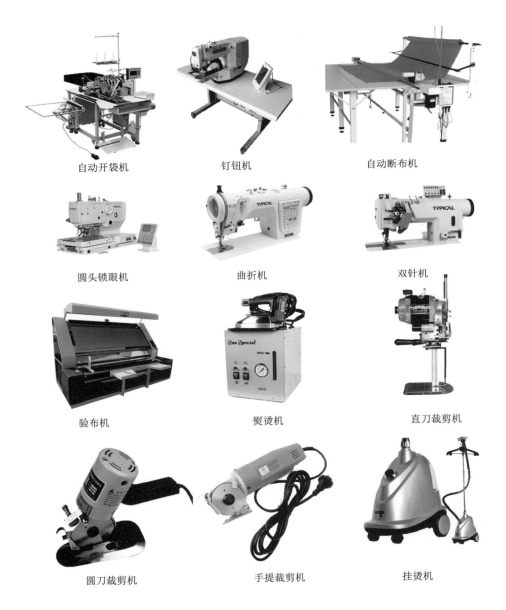

自动开袋机　　　　　钉钮机　　　　　自动断布机

圆头锁眼机　　　　　曲折机　　　　　双针机

验布机　　　　　熨烫机　　　　　直刀裁剪机

圆刀裁剪机　　　　　手提裁剪机　　　　　挂烫机

图 1-13 其他专用设备

3. 检查与评价

请对照表 1-2 男装测量任务评价参考标准进行自查自评。

表 1-2 男装测量任务评价参考标准

评价内容		权重	计分	考核点	备注
操作规范与职业素养（15分）		5分		纪律：服从安排、不迟到等。迟到或早退一次扣0.5分，旷课一次扣1分，未按要求值日一次扣1分	出现人伤械损等较大事故，成绩记0分
		4分		清洁：场地清扫等，未清扫场地一次扣1分	
		3分		事先做好准备工作、工作不超时	
		3分		职业规范：工具摆放符合"6S"要求	
工具使用（40分）	制版工具	5分		能准确说出制版工具的种类，答对10个记满分	出现人伤械损等较大事故，成绩记0分
	制版工具使用	15分		掌握制版工具的使用要领，姿势有误每处3分，扣完为止	
	工艺工具	5分		能准确说出工艺制作工具的种类，答对10个记满分	
	工艺工具使用	15分		掌握制作工艺工具的使用要领，姿势有误每处扣3分，扣完为止	
设备使用（45分）	设备种类	10分		能准确说出工艺制作设备的种类，答对20个记满分	
	设备使用	35分		掌握制作设备的使用要领，姿势有误每处扣3分，扣完为止	
总分		100分			

任务三 男装裁剪注意事项

1. 检查面料

裁剪之前，必须对服装原料（包括面料、里料和辅料等）进行检查，这些检查包括了对数量和质量的检查。而面料检查，主要看面料表面是否有色差、破洞以及经斜和纬斜等，确保成衣的外观质量。

2. 面料预缩

面料预缩是裁剪前的重要过程，只有事先对面料进行充分的预缩，才能以保证服装使用性能和成衣质量的稳定性。面料预缩通常有自然预缩（将织物散开摆放一段时间，使其充分回缩）、湿预缩（将面料直接用清水浸湿，再晾干，使其回缩）、热预缩或蒸汽预缩（通过加热或蒸汽给湿，使面料回缩）三种。

3. 纸样放缝

① 缝份宽度：纸样缝份的加放量要根据不同的缝型特征和面料组织结构进行综合考虑后决定。实际应用当中，服装面、里料加缝份可以相同，按照直线缝份加放 1cm，弧线缝份加放 0.8cm 的标准进行加放，特殊缝型依具体情况而定。但基于人体工程学原理，里料的缝份加放一般在面料的缝份基础上再增加 0.3cm 的活动余量，以此满足人着装后感觉舒适、活动自如的基本要求。

② 缝角造型：服装纸样设计中缝角造型根据其角度不同可分为三类：直角造型、锐角造型和钝角造型。从图中可以看出，相对应的角相加都是在 180° 左右，这样才能让对应部位合并后达到线条顺畅（图 1-14）。

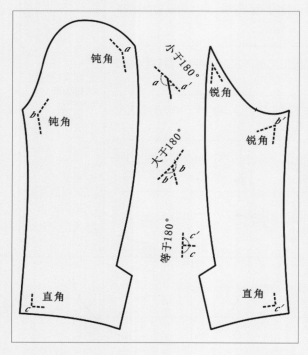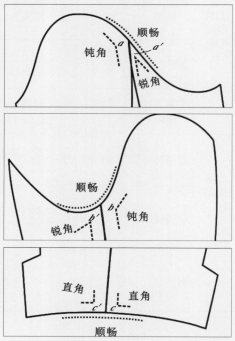

图 1-14 缝角造型

③ 缝份加放：缝份的加放是按服装外轮廓图进行平行加放，但当缝角非直角时，在缝角部位要根据工艺要求、结构造型要求等分情况进行处理（图1-15）。这种缝份的加放主要分为三大类，即平行式加放、直角式加放和对称式加放。

平行式加放即根据服装外轮廓图进行平行加放，在缝角部位不用特殊处理，如图1-15-①中的 a 和 a' 处放缝。

对称式加放在缝角部位采取对称处理（图1-16）。

直角式加放在缝角部位采取直角处理（图1-17）。

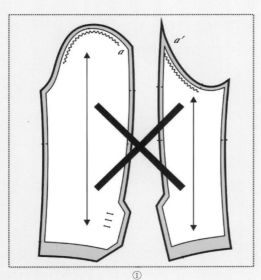
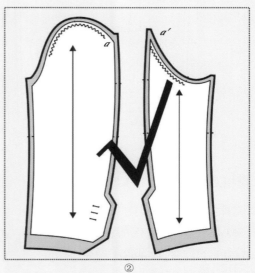

图1-15　缝份加放

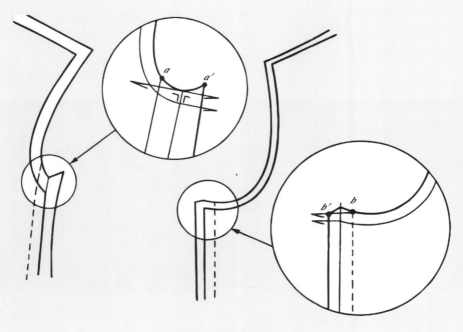

图1-16　对称式加放

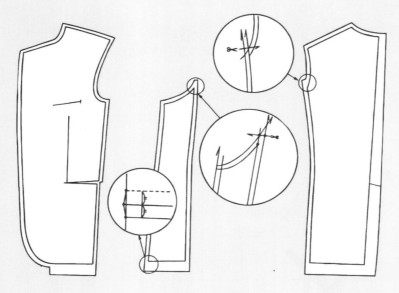

图 1-17 直角式加放

4. 排料方法

合理的服装排料方式可以达到最高的面料利用率。排料时，可以利用样板方便移动的特点，在保证样板方向正确的前提下，采取先大后小、先主后次、从左至右的放样次序，尽量采用直对直、斜对斜、凹对凸、弯弯相顺的排放方法，通过互套、穿插合并、借边等手段合理精密排料，尽量减少样板之间的空隙，缩短用料的长度（图 1-18 ）。

Q&A：

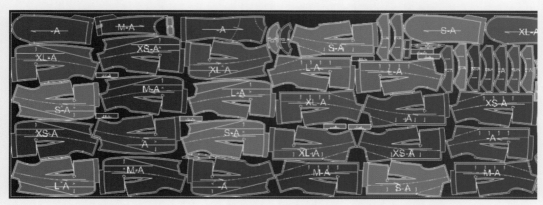

图 1-18 服装排料图

5. 检查与评价

请对照表 1-3 男装测量任务评价参考标准进行自查自评。

表 1-3 男装测量任务评价参考标准

评价内容		权重	计分	考核点	备注
操作规范与职业素养（15分）		5 分		纪律：服从安排、不迟到等。迟到或早退一次扣0.5分，旷课一次扣1分，未按要求值日一次扣1分	出现人伤械损等较大事故，成绩记0分
		4 分		清洁：场地清扫等，未清扫场地一次扣1分	
		3 分		事先做好准备工作、工作不超时	
		3 分		职业规范：工具摆放符合"6S"要求	
男装裁剪（85分）	检查面料	5 分		面料检查方法准确无误，依情节加分	不漏项，每处错误、交代不清楚或者漏项扣2分，扣完为止
	面料预缩	5 分		根据面料性能合理选择预缩方法，面料预缩准确无误，依情节加分	
	样板吻合	25 分		样板拼合长短一致；每出现一处错误扣2分，扣完为止。两片或两部件拼合，有吃势，应标明吃势量，并做好对位剪口标记；缺少一项扣3分，扣完为止	
	缝份加放	25 分		各部位缝份、折边量准确，符合工艺要求；每处错误扣2分，扣完为止	
	必要标记	10 分		对位剪口标记、纱向线、钻孔、纸样名称及裁片数量等标注齐全；缺少一项扣2分，扣完为止	
	纸样排料	15 分		商标要求交代清楚	
总分		100 分			

本章小结：

1. 进行男装测量时要与被测者保持良好的测量关系，让被测者呈现自然状态，该水平的地方要保持水平状态，该垂直的地方要与地面垂直，测量的部位要准确。

2. 面、里料的预缩，一定要结合面料与里料的性能、特征来选择方法和步骤。

3. 纸样检查非常重要，要检查样板之间的吻合度，缝份的加放要根据不同的工艺要求、造型特征选择合适的缝角处理。

学习思考：

1. 测体时如何保持与被测者的关系，以保证测量的数据准确可靠。

2. 如何才能对纸样进行准确的缝份处理？请结合实例进行阐述。

Q&A：

休闲西裤制版与工艺

项目描述:

某公司提供的休闲西裤生产通知单（表2-1），对照170/74A的号型设计成品规格尺寸，分析款式造型、面料特性、工艺要求等，进行结构造型分析和样板制作，然后按照单量单裁的要求配置面、辅料，设计样衣工艺流程，并完成样衣制作。

学习重点: 结构造型分析和样板制作、缝角处理、核版和对版、休闲西裤工艺流程设计、样衣工艺制作。

学习难点: 结合面料的性能和工艺要求进行结构造型分析；合理选择并组织现有设备，进行休闲西裤工艺流程设计；归、推、拔工艺处理。

学习目标:

能读懂生产通知单的各项要求，选择合适的制版与工艺方法。

能根据款式图，结合面料的性能和工艺要求进行结构造型分析和样板制作。

能针对不同的样板进行缝角处理、核版和对版。

能根据单量单裁的要求，进行面、辅料排料。

能合理选择并组织现有设备，进行休闲西裤工艺流程设计。

能合理使用现有设备，进行休闲西裤工艺制作。

能正确进行样衣后整理。

能进行安全、文明、卫生作业。

表 2-1 休闲西裤生产通知单

款号：	客户：BSR	款式名称：休闲西裤	季节：秋季	单位：cm
制单号：	纸样号：	组别：	面料：混纺毛料	里料：涤棉混纺

部位	尺寸（单位：cm）			工艺要求
	165/70A	170/74 A	175/78A	
裤长	99	102	105	
腰围	72	76	80	
臀围	99.8	103	106.2	
立裆	27.25	28	28.75	
脚口	21	22	23	
口袋长	15	15.5	16	

裁剪要求	商标要求	工艺要求
规格尺寸：允许的公差范围内。 样板：面、辅料齐全，无缺损。 缩水：裁剪前，对面、辅料采取恰当的方法进行缩水处理。 色差：裁剪前观察面料色差、色条，使破损量在允许的公差范围内。 纱向：纱向顺直，偏差量控制在允许的公差范围内。 裁剪：进、出刀符合要求，裁片准确，两层相符，刀口深0.5cm	主唛：配色车线车两边于后腰正中，不要过底车，需回针牢固。 尺码唛：吊车于侧缝距腰18cm。 成分唛：吊车于侧缝距腰18cm	机针：14 号。 针距：3cm13 针。 口袋：保证对位准确，袋口平服，无反吐，无扭曲。明缉线顺直均匀，无跳针。 做门里襟、装拉链：门里襟锁边均匀，无跳针。缉缝拉链时上下松紧一致，不要吃进，明缉线顺直均匀，无断线，无跳针。 裆缝：裆下十字缝不能错位，线迹宽窄一致、美观，无跳针。 腰头：装腰时要按对位标记，对位缝合要准确。防止裤腰起斜皱，线迹要平行美观，无跳针。 整烫：熨烫平服、整洁，无烫黄、烫焦、水渍和亮光。 锁眼、钉扣：锁圆头扣眼，开眼净长 15mm；扣位要和眼位相对应，扣要钉牢

工艺编制：	编制日期：	工艺审核：	审核日期：

任务一　休闲西裤结构设计

1. 结构造型分析

　　裤装是包裹人体腰腹臀部，臀底分开包裹双腿的服装，是最常见的下装品种。裤装较其他下装更易体现人的体型特征，而且轻便、便于运动。因此，裤装在任何季节或场合下都可以穿用。裤装的结构设计主要体现在臀部和脚口设计，臀部设计是造型的基础，脚口设计是造型的关键。裤装随时代的变迁而变化，根据造型、裤长、材料和用途，有着繁多的分类，如灯笼裤、马裤、牛仔裤、宽松裤、短裤等。

　　裤身结构：休闲西裤结构设计属于合体型男裤。臀围放松量为 12cm~14cm，腰围放松量为 0cm~2cm。脚口尺寸大小一般根据款式确定，此款脚口尺寸为 22cm，中裆尺寸略大于裤口尺寸。

2. 样衣结构制图

（1）休闲西裤前、后片框架图（图2-1）

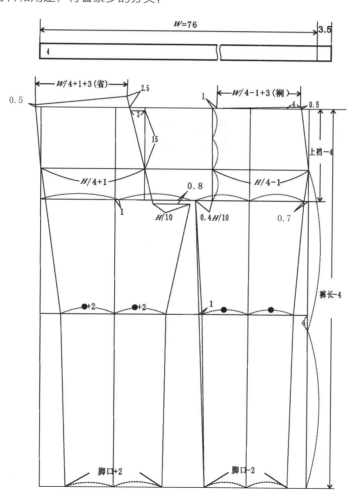

图2-1 前、后片框架图 （单位：cm）

① 裤长：取裤长 – 4cm（腰宽）。

② 横裆线：取上裆尺寸长 – 4cm（腰宽）。

③ 臀围线：取腰口线至横裆线距离的2/3。

④ 中裆线：取臀围线至脚口线距离的1/2尺寸，向腰口线方向提高4cm。

⑤ 前臀围大：取$H/4 - 1cm$处作前侧缝直线的平行线。

⑥ 前裆宽点：取0.4H/10cm。

⑦ 前横裆劈势：向内劈进0.7cm。

⑧ 前烫迹线：取前横裆劈势至前裆宽点的1/2，作前侧缝直线的平行线。

⑨ 前脚口大：取脚口 – 2cm，以前烫迹线为界左右对称。

⑩ 前中裆大：脚口宽至前裆宽点的连线与中裆线的交点内劈1cm，确定中裆宽（用符号●代替）。再以烫迹线为准，作另一侧的中裆大与●同宽。

⑪ 前腰围大：取$W/4 - 1cm+3cm$（裥）。

⑫ 前腰口起翘：侧缝方向腰口起翘0.5cm。

⑬ 前腰口劈势：裆缝劈进1cm。

⑭ 侧缝斜插袋：前腰围大偏进4cm，按袋长（15.5cm）+3.5cm(封口量)定袋位。

⑮ 后落裆：横裆线量下0.8cm。

⑯ 后臀围大：取$H/4+1cm$。

⑰ 作后裆斜线：以臀围线与后臀宽线交点为基点，往腰口线方向取15:3，延伸至腰围线，向下连线至后落裆线。

⑱ 后翘高：在后裆缝斜线延长线与腰口线交点往外延长2.5cm定点。

⑲ 后腰围大：$W/4+1cm +3cm$（省）。

⑳ 后腰口起翘：侧缝方向腰口起翘0.5cm。

㉑ 后裆宽点：量取$H/10cm$。

㉒ 后烫迹线：后横裆至后裆宽点的1/2处，往后侧缝线方向偏移1cm，作后侧缝直线

的平行线。

㉓ 后中裆大：以前中裆大为基准，后烫迹线为对称线两边各取●尺寸+2cm。

㉔ 后脚口大：取脚口尺寸+2cm，以后烫迹线为界左右对称。

㉕ 腰头：按照腰围大尺寸+3.5cm（里襟宽），腰宽为4cm。

（2）休闲西裤前、后片轮廓图（图2-2）

① 前片外侧缝线：从腰口开始连接臀围大至侧缝处劈势画顺，中裆至侧缝劈势连接往内弧0.2cm，中裆至脚口画线连接。

② 前片下裆缝线：小裆弯点连接中裆往内弧0.3cm，中裆至脚口画线连接。

③ 后片外侧缝线：从腰口开始至臀围线画顺，臀围线至中裆连接往内画弧0.4cm，中裆至脚口画线连接。

④ 后片下裆缝线：大裆弯点至中裆线连接往内弧1.3cm，中裆至脚口画线连接。

⑤ 前后片脚口线：前片脚口往上弧0.5cm画顺，后片脚口往下弧0.5cm处画顺。

⑥ 前后腰口线：前腰口线从前腰中心点开始往前腰侧起翘0.5cm处画顺。后腰口线从后腰中心点开始往后腰侧起翘0.5cm处连顺画弧。

⑦ 大小裆弯：小裆弯点至前臀围大点连顺画弧，大裆弯点至后臀围大点连顺画弧

（3）裤片零部件定位（图2-3）

① 前裥：以前片烫迹线为基准，往前侧缝线方向平行过来3cm处定裥位，裥长长度不超过腰口线到臀围线2/3。

② 后口袋：距离腰口线7cm处绘制平行线，从距侧缝弧线量进4cm为起点，取0.135H/cm为袋口长，袋口嵌条宽1cm处。

③ 后口袋袋盖：袋盖长0.135H/cm，两头宽4.5cm，中间宽6cm。

④ 后省：按后口袋宽定出，左右距离口袋宽2.5cm，并通过该点作腰口线的垂线，以此垂线为省中心线，各取省宽1.5cm，省尖画至袋口下1cm处。

（4）门、里襟纸样设计（图2-4）

门、里襟：直接在裤片上绘制。图中虚线为门襟缉明线位置，明线宽3.5cm，明线缉至臀围下1.5cm处。门襟宽为门襟明线+1.8cm，长为明线长+1.5cm。里襟下端比门襟长0.8cm，上宽对折后4cm，下宽对折后3.5cm。

（5）斜插袋纸样设计（图2-5）

前斜插袋口袋布及袋垫布：直接在裤片上绘制。

（6）后袋布、后袋垫布、嵌条纸样设计（图2-6）

① 后袋布：后袋布宽为口袋大+4cm，长40cm。

② 后袋垫布：后袋垫布长为口袋大+4cm；宽为6cm。

③ 嵌条：嵌条长为口袋大+4cm；宽为6cm。

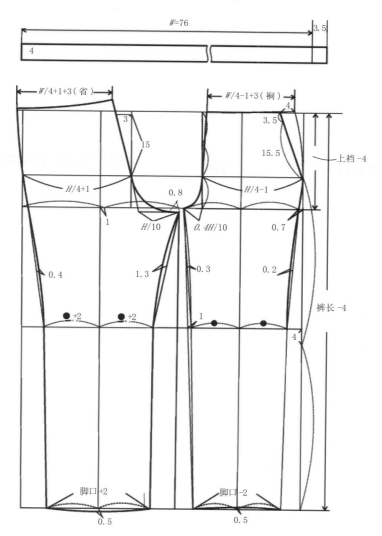

图2-2 前、后片轮廓图 （单位：cm）

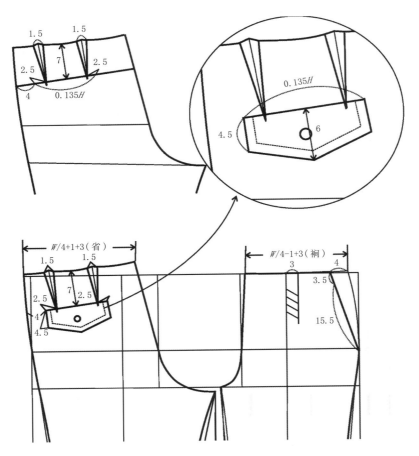

图 2-3 裤片零部件定位 （单位: cm）

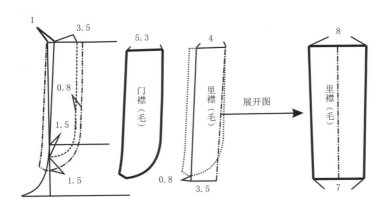

图 2-4 门、里襟纸样设计 （单位: cm）

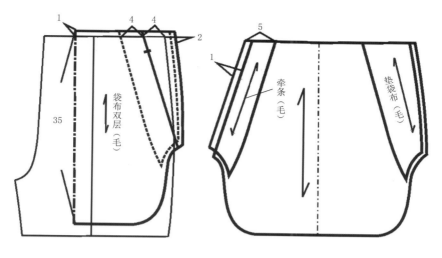

图2-5 斜插袋纸样设计 （单位：cm）

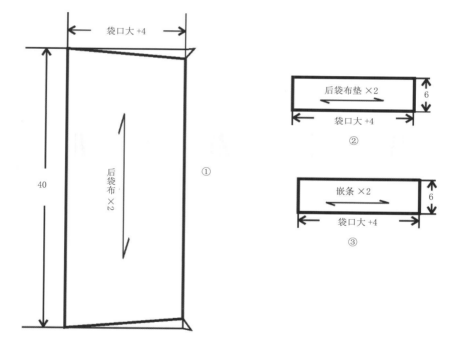

图2-6 后袋布、后袋垫布、嵌条纸样设计 （单位：cm）

Q&A：

3. 检查与评价

请对照表 2-2 休闲西裤任务评价参考标准进行自查自评。

表 2-2 休闲西裤任务评价参考标准

评价内容		权重	计分	考核点	备注
操作规范与职业素养（15分）		5分		纪律：服从安排、不迟到等。迟到或早退一次扣 0.5 分，旷课一次扣 1 分，未按要求值日一次扣 1 分	出现人伤械损等较大事故，成绩记 0 分
		4分		清洁：场地清扫等，未清扫场地一次扣 1 分	
		3分		事先做好准备工作、工作不超时	
		3分		职业规范：工具摆放符合"6S"要求	
样衣生产通知单（30分）	款式图	4分		正、背面款式图比例造型准确，工艺结构准确；款式图轮廓线与内部结构线区分明显，明线绘制清晰。装饰及辅配件绘制清晰；每处错误扣 1 分，扣完为止	样衣生产通知单包含的五个内容齐全，不漏项，每处错误、交代不清楚或者漏项扣 2 分，扣完为止
	规格尺寸	6分		成品规格尺寸表主要部位不缺项，规格含国标 165/70 A、170/74 A、175/78A 三个系列规格	
	裁剪要求	6分		裁剪方法交代清楚	
	商标要求	4分		商标要求交代清楚	
	工艺要求	10分		针距、缝份、用线等主要缝制要求及方法明确	
样衣结构设计（55分）	与款式图吻合	15分		结构制图与款式图不一致扣 15 分	制图规范，各部位尺寸设计合理，每错一个部位扣 5 分，扣完为止
	尺寸比例协调	15分		服装局部尺寸设计不合理，每处扣 5 分，扣完为止	
	线条粗细区分	10分		各辅助线与轮廓线粗细区分明显，每处错误扣 1 分，扣完为止	
	线条流畅	10分		服装制图线条不流畅、潦草，每处扣 1 分，扣完为止	
	标识	5分		各部位标识清晰，不与制图线混淆，无标识每处扣 0.5 分	
总分		100分			

任务二　休闲西裤放缝与排料

1. 面料样板制作

① 放缝说明：放缝要考虑面料的厚度，厚料要多放，薄料少放。前、后脚口放缝 4cm，后裤片裆缝线上口放缝 3cm，臀围线、横裆线位置放缝 1cm，其余放缝 1cm（图 2-7）。

② 缝角处理：前、后脚口均需进行反转角处理放缝。前片小裆、后片小裆缝均需进行直角放缝。

③ 排料说明：排料时首先将面料两织边对齐，面向自己，铺平面料，注意上下层的松紧和面料的经纬纱向顺直。

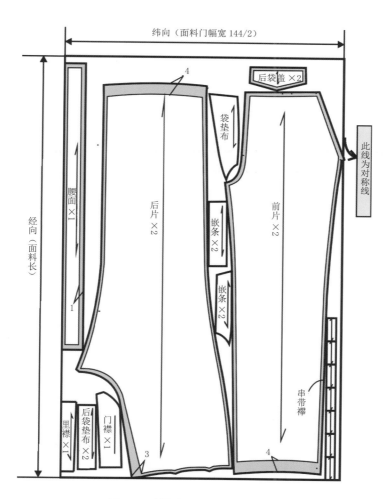

图 2-7 面料放缝与排料　（单位：cm）

2. 里料样板制作

① 放缝说明：插袋布、后袋布、里襟均为毛样。注：休闲西裤腰里用专用的成品腰里代替（图2-8）。

② 排料说明：排料时应将面料两织边对齐，面向自己，铺平面料，注意上下层的松紧和面料的经纬纱向顺直。纱向要对齐对正，不能歪斜，袋盖放缝均为 1cm，其余纸样为毛样图。其余要求与面料样板排料要求相同。

3. 衬料样板制作

① 放缝说明：门襟、里襟、插袋垫布、后袋垫布、嵌条、后袋盖均为毛样；腰面黏树脂净衬或比较厚的有纺衬，在这里不做排料操作（图2-9）。

② 排料说明：排料时应将面料两织边对齐，面向自己，铺平面料，注意上下层的松紧和面料的经纬纱向顺直。纱向要对齐对正，不能歪斜。其余要求与面料样板排料要求相同。

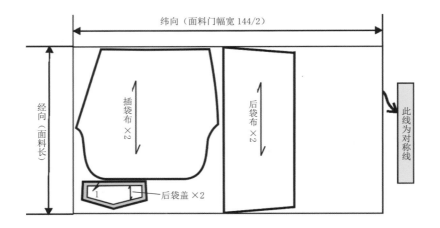

图 2-8 里料放缝与排料 （单位：cm）

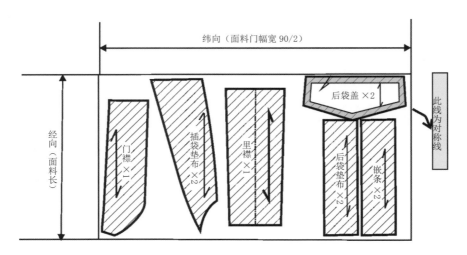

图 2-9 衬料放缝与排料 （单位：cm）

4. 检查与评价

请对照表 2-3 休闲西裤任务评价参考标准进行自查自评。

表 2-3 休闲西裤任务评价参考标准

<table>
<tr>
<td colspan="2">评价内容</td>
<td>权重</td>
<td>计分</td>
<td>考核点</td>
<td>备注</td>
</tr>
<tr>
<td colspan="2" rowspan="4">操作规范与职业素养（15分）</td>
<td>5分</td>
<td></td>
<td>纪律：服从安排、不迟到等。迟到或早退一次扣0.5分，旷课一次扣2分，未按要求值日一次扣1分</td>
<td rowspan="4">出现剪伤人等较大事故，成绩记0分</td>
</tr>
<tr>
<td>4分</td>
<td></td>
<td>安全生产：安全剪刀；按规程操作等。不按规程操作一次扣1分</td>
</tr>
<tr>
<td>4分</td>
<td></td>
<td>清洁：场地清扫等。不清扫场地一次扣1分</td>
</tr>
<tr>
<td>2分</td>
<td></td>
<td>职业规范：工具摆放符合"6S"要求</td>
</tr>
<tr>
<td rowspan="7">样衣样板（85分）</td>
<td>规格尺寸</td>
<td>15分</td>
<td></td>
<td>样板结构设计合理，纸样各部位尺寸符合要求；每个部位尺寸超过误差尺寸扣2分，扣完为止</td>
<td rowspan="7">裁剪纸样、工艺纸样齐全；缺少一个纸样扣10分，扣完为止</td>
</tr>
<tr>
<td rowspan="2">样板吻合</td>
<td>15分</td>
<td></td>
<td>样板拼合长短一致；每处错误扣2分，扣完为止</td>
</tr>
<tr>
<td>15分</td>
<td></td>
<td>两片或两部件拼合应做好对位剪口标记；缺少一项扣3分，扣完为止</td>
</tr>
<tr>
<td>缝份加放</td>
<td>15分</td>
<td></td>
<td>各部位缝份、折边量尺寸准确，符合工艺要求；每处错误扣2分，扣完为止</td>
</tr>
<tr>
<td>必要标记</td>
<td>15分</td>
<td></td>
<td>对位剪口标记、纱向线、钻孔、纸样名称及裁片数量等标注齐全；缺少一项扣2分，扣完为止</td>
</tr>
<tr>
<td>样板修剪</td>
<td>10分</td>
<td></td>
<td>纸样修剪圆顺流畅；不圆顺、不流畅每处扣2分</td>
</tr>
<tr>
<td colspan="2">总分</td>
<td>100分</td>
<td></td>
<td></td>
</tr>
</table>

任务三　休闲西裤工艺设计

1. 工艺流程设计

休闲西裤工艺流程为验片→烫衬→打线丁→锁边→缉褶、收省→熨烫前褶、后省→归拔前裤片、后裤片→做、装斜插袋→开后嵌线口袋→缝合侧缝→缝合下裆缝→装门襟→缝合前、后裆缝→装里襟、门襟拉链→做腰→装腰→缲脚口→锁眼、钉扣→整理→整烫。

2. 工艺制作分解

（1）验片

① 面料：前裤片2片、后裤片2片、前嵌条2片、后嵌条4片、后袋盖2片、前袋垫布2片、后袋垫布2片、门襟1片、里襟1片、腰面1片、串带襻6片，共计25片。

② 里料：插袋布2片、后袋垫布2片、后袋盖里2片，共计6片。

③ 有纺衬：门襟1片、里襟面1片，斜插袋垫布2片、后袋垫布2片、后袋盖2片，共计8片。

④ 无纺衬：前嵌条2片、后嵌条4片，共计6片。

⑤ 有纺腰头衬：腰面1片。

（2）烫衬

门襟、里襟、插袋袋垫、后袋垫布、嵌条、后裤片反面袋口位、袋盖及腰面均需烫衬。

（3）打线丁（图2-10）

① 前片：插袋净样线、前片裥位、烫迹线、臀围线、中裆线、脚口线。

② 后片：后口袋净样线、后片省位、烫迹线、臀围线、中裆线、脚口线。

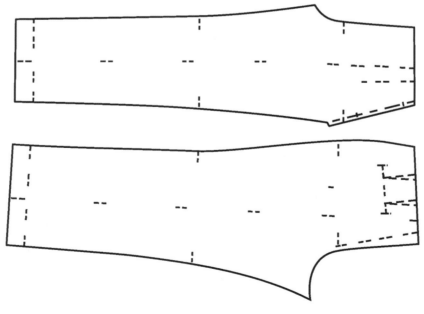

图2-10 打线丁

（4）锁边（图2-11）

前、后裤片除腰口和左裤片前裆直线20cm处以及前裤片袋口位不锁边以外，其余均按要求锁边。

（5）缉褶、收省（图2-12）

前褶位对准，正面相叠从腰口向下缉缝4cm，再转90°缉至裤外并来回针。后裤片按标记线由上至下缉缝省道。缉缝时要注意省尖点一定要缉缝到位，省尖处留线头4cm~6cm并手工打结。

（6）熨烫前褶、后省

前褶倒向前裆缝方向熨烫平服、后裤片省量倒向后裆方向烫倒。

（7）归拔前、后裤片（图2-13）

归拔的目的是使西裤更符合体型特征。

① 归拔前裤片：

A. 归拔前侧缝：侧袋口胖势归直，在中裆侧缝线处将凹势略拔开，将侧缝烫成直线。

B. 归拔前直裆缝和下裆缝：前裆的胖势

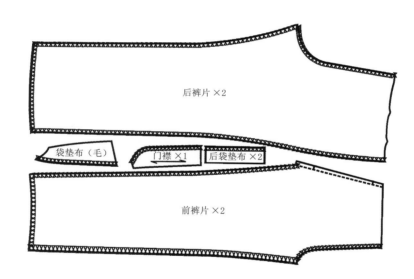

图2-11 锁边 （单位: cm）

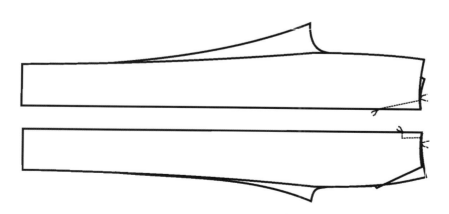

图2-12 缉褶、收省

归直，在下裆缝的中裆处，将凹势略拔开，将下裆缝烫成直线。

② 归拔后裤片：

A. 归拔后袋位：把省尖胖势向腰口方向推匀，使袋口位横丝绺呈上拱形。

B. 归拔后侧缝：将袋口侧缝的胖势推向臀部，在后侧缝中裆处将凹势略拔开。

C. 归拔后裆缝和后下裆缝：后裆缝中部位置略归拢，将胖势推向臀部。将后窿门横丝绺略拔开，后窿门以下 10cm 处归拢，后中裆部

位用力拔烫。

D. 归拔脚口：将脚口胖势归直。

E. 归拔脚口：将前脚口凹势略拔开。

（8）做、装斜插袋

① 做斜插袋（图 2-14）：袋垫布锁边后，将锁边一侧压缝在袋布上，袋垫布距口袋布 0.7cm，上齐袋布，下离袋 0.6cm，沿袋垫布锁边线缉缝 0.1cm，缉缝袋垫布与袋布。

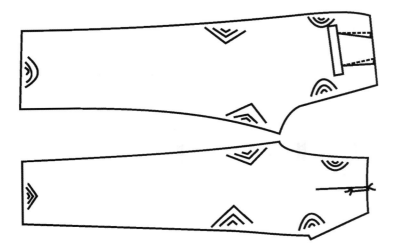

图 2-13 归拔前、后裤片

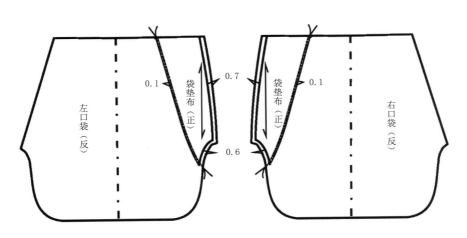

图 2-14 做、装斜插袋 （单位：cm）

时尚男装制版与工艺

② 缝合袋布（图2-15）：为防止口袋豁开，前裤片需斜插袋嵌条并反面烫直牵条衬。车缝放置时注意上下层的关系：最底层为裤片（正面朝上），中间层为嵌条（正面朝下），最上层为口袋布（反面朝上），沿边缘车缝1cm（图2-15-①）。

翻转口袋布和嵌条置于裤片之下，将嵌条折烫成0.5cm宽，沿裤片口袋位车缝0.1cm明线（图2-15-②）。

翻开口袋布，将嵌条折光沿边车缝0.1cm固定嵌条和袋布（图2-15-③）。

将口袋底上下层对准、正面相叠，缉线0.3cm，注意缉线距袋口3cm处止（图2-15-④）。

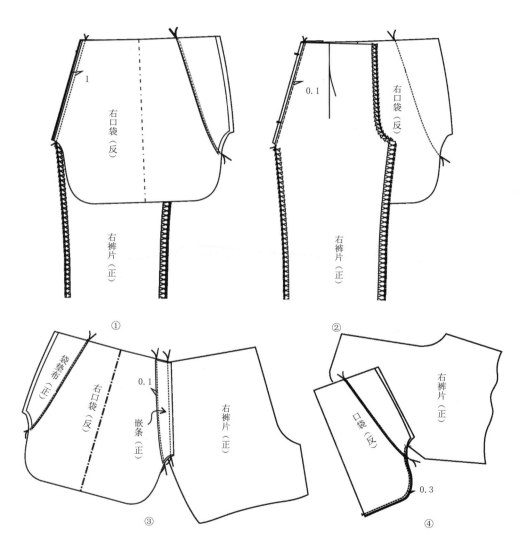

图2-15 缝合袋布 （单位：cm）

Q&A:

③ 封袋口：口袋翻正并熨烫平整。沿袋口边缉线 0.6cm（图 2-16-①）。

　　裤子正面朝上，放平整裤片与口袋，按照口袋宽位置做套结封口。然后翻开袋布，将袋垫与前裤片缉线 0.5cm 处接顺固定，再将袋布与腰口固定（图 2-16-②）。

（9）开后嵌线口袋

　　① 口袋定位（图 2-17-①）：先在后裤片正面画出袋位，袋位确定详见图 2-3"裤片零部件定位"。

　　② 装衬（图 2-17-②）：将后裤片反面朝上放在布馒头上，袋位粘宽 4cm、长 18cm 无纺衬。

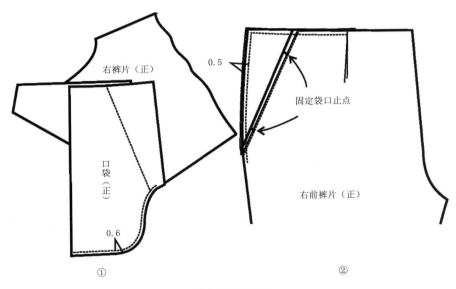

图 2-16 封袋口

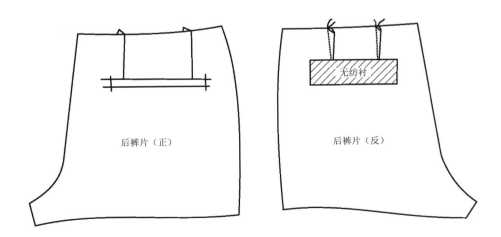

图 2-17 口袋定位、装衬

③ 做袋盖、嵌条和袋垫：袋盖面与袋盖里正面相叠，按袋盖净样板画出粉印，然后将袋盖里反面朝上，按粉印缉线，修剪缝份成0.5cm熨烫翻出，熨烫平整后缉0.6cm单明线，注意袋盖面袋角部位略吃，使袋盖面吐出0.2cm（图2-18-①）。将嵌条对折熨烫平整，并按嵌条宽缉长针线（图2-18-②）；袋垫布固定在口袋布的反面上，缉线0.1cm（图2-18-③）。

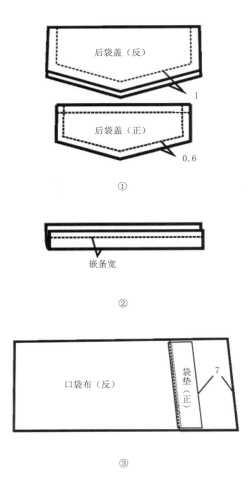

图 2-18 做袋盖、嵌条和袋垫 （单位：cm）

④ 缉缝袋布、袋盖与嵌条：在裤片反面按照袋位线丁固定袋布，用长线临时固定（图2-19-①）。袋盖净样线与口袋上粉印对准缉缝，嵌条固定线与下粉印对准缉缝（图2-19-

②），缉线左右进出一致，宽窄一致，起止针要来回三道（图2-19-③）。

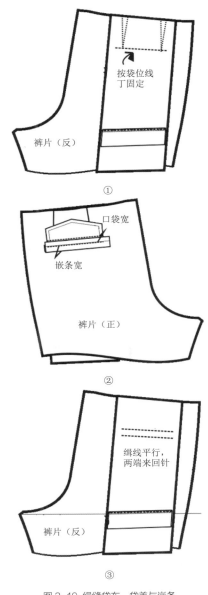

图 2-19 缉缝袋布、袋盖与嵌条

⑤ 剪袋口（图2-20）：从口袋中间开剪，直线剪至离袋口0.6cm处，然后分开剪成Y字形三角，注意不要剪断缝线。

⑥ 封袋口（图2-21）：将单嵌线略拉紧，将三角摆平放正，封缝三角；缉门字形针固定袋布，再沿袋布边缝合袋布。

⑦ 滚后袋布（图 2-22）：袋布下口两侧修剪成圆角，用 2.5cm～3cm 宽的斜丝沿袋布三面滚成 0.6cm 边。然后将袋布与裤片摆放平整，在腰口弧线处缉线固定，并修剪多余的袋布。

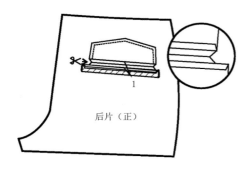

图 2-20 剪袋口

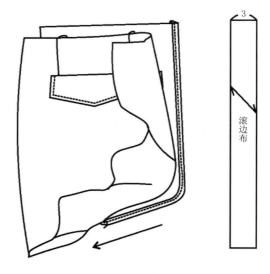

图 2-22 滚后袋布 （单位：cm）

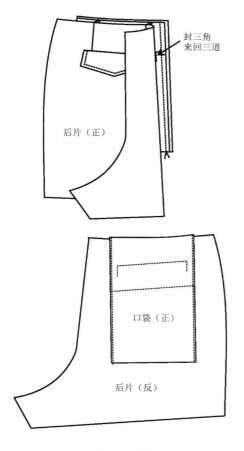

图 2-21 封袋口

Q&A：

（10）缝合侧缝

① 缝合侧缝（图2-23）：前裤片和后裤片正面相叠，前裤片置上，翻开袋布，上、下层对准绢线1cm并分缝烫平，缝线要顺直，缝份均匀，进针和出针要来回缝三道。然后将袋布多预留的缝份折烫。

② 绢缝口袋（图2-24）：将折烫好的袋布边与后片的缝份绢缝0.1cm即可。

（11）缝合下裆缝（图2-25）

前、后裆缝正面相叠，绢缝1cm并分缝烫平。翻到裤褪正面，对准侧缝弧线与下裆缝弧线，熨烫挺缝线。

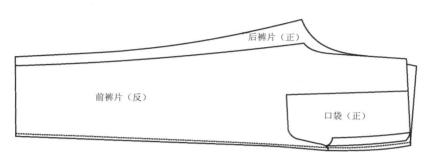

图 2-23 缝合侧缝

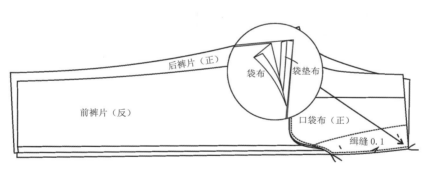

图 2-24 绢缝口袋 （单位：cm）

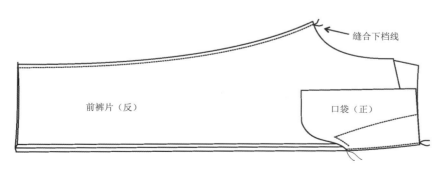

图 2-25 缝合下裆缝

（12）装门襟（图2-26）

将门襟摆放在左裤片上，缉缝0.8cm，然后将门襟掀开到左侧；缝份倒向门襟，在门襟侧压缉0.1cm。

（13）缉合前、后裆缝（图2-27）

裆缝对齐，规格按照放缝要求自小裆封口位置向后缝方向缉线。注意十字缝对齐，后裆弯度部位拉紧、拉直、缉顺。裆缝要缉双线加固，最好再用粗丝线紧靠缉线外口倒勾针一道。裆底放在铁凳上，分缝喷水烫平。注意起、止针要来回缝三道。

（14）装里襟、门襟拉链

① 装里襟拉链（图2-28）：翻开里襟，把拉链装在里襟的正面，拉链的右边反面要与里襟正面相叠，平齐锁边线里口，离开拉链布边0.3cm缉线，将拉链固定在里襟上。在右裤片裆缝上口处折烫0.5cm，里襟放在前裤片下。拉链在中间，拉链齿离开前裆缝0.5cm，在裤片裆缝处沿折光止口缉线0.1cm至拉链止口。缉缝时需要稍微带紧，使齿牙平服。

② 装门襟拉链（图2-29）：依照拉链扣合的合适位置，在门襟边定出拉链位置并将拉链固定在门襟上。然后翻至正面，翻开里襟里，依照图2-29所示门襟形状和位置缉拉链门襟明线，并用套结机按照止口位置打套结封小裆。里襟里与十字裆缝用手针固定。

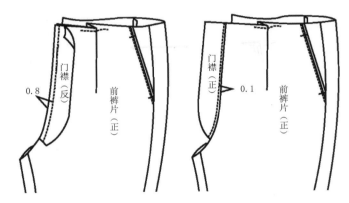

图2-26 装门襟 （单位：cm）

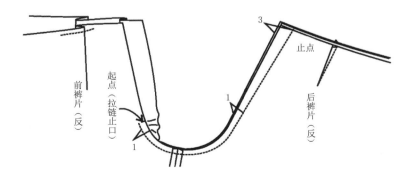

图2-27 缉合前、后裆缝 （单位：cm）

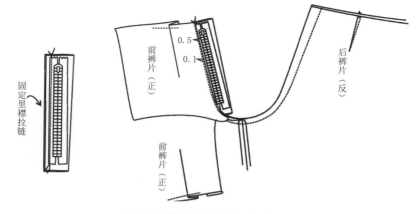

固定里襟拉链

前裤片（正）

0.5
0.1

后裤片（反）

前裤片（正）

图 2-28 装里襟拉链 （单位：cm）

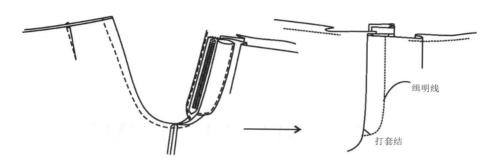

缉明线

打套结

图 2-29 装门襟拉链

（15）做腰

① 做腰头：腰里为专用腰头（图 2-30-①）。腰里正面在上，腰面在下，搭缝 0.5cm，沿腰里边压缉 0.1cm（图 2-30- ②）。将腰面翻转，留宽 0.5cm，熨烫平整（图 2-30- ③）。

② 做串带襻（图 2-31）：串带襻正面对折，缉缝 0.5cm，缝份分开烫平后拉出，在正面两侧压缉 0.1cm 明线。

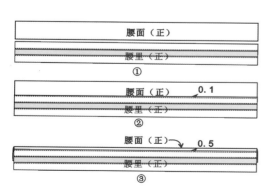

腰面（正）

腰里（正）
①

腰面（正） 0.1

腰里（正）
②

腰面（正） 0.5

腰里（正）
③

图 2-30 做腰头 （单位：cm）

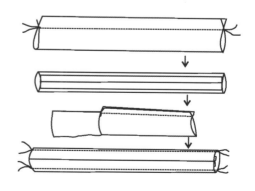

图 2-31 做串带襻

（16）装腰

① 确定串带襻的位置（图 2-32）：裤片零部件定位（图 2-3），确定串带襻的位置。前片烫迹上各设一个，距后中心线 2cm 处各设一个，中间等分处各设一个，共有六个串带襻。

② 装腰：腰面与裤片正面相叠，眼刀对准，在门、里襟边各留出缝份，沿腰口弧线一周缉缝 1cm（图 2-33- ①）。然后在门、里襟侧，将腰头按照折烫位置正面折叠，在封腰口两侧缉缝 1cm。缉缝前将腰里的硬衬部分修成净样，避免厚度太厚不易翻出。翻出腰头，用手缝（暗缲针或三角针）固定腰里，固定腰里时要将腰里的表层翻开，把里层固定在腰口的缝份上，腰里不露线迹（图 2-33- ②）。

③ 固定裤襻（图 2-33- ②）：裤襻的固定方法有两种，一是将裤襻折叠好，用平缝机在里面来回缉 3~4 道缝线来固定；另一种是采用打结机直接在上方打结即可。

（17）缲脚口

脚口可以采用缲针或三角针，针距一般为 0.3~0.5cm。注意手缝时针距要均匀，缝线不要太紧，脚口边要平服，正面不要出现针迹。

（18）锁眼、钉扣

使用本色线按照锁眼手针针法，在门襟一侧腰头锁眼，里襟一侧钉扣，并在门襟和后袋口位置封套结。经检验合格后可转入整理阶段。

（19）整理

清剪干净裤装上所有部位的线头。

（20）整烫

烫脚口边，尽量垫布熨烫，以防止温度过高熨烫起极光。烫外侧缝、下裆缝、门里襟及裆缝要压烫平服。

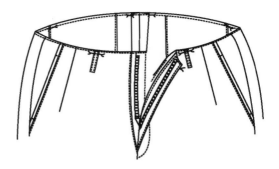

图 2-32 确定串带襻的位置

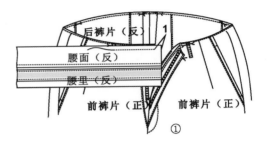

①

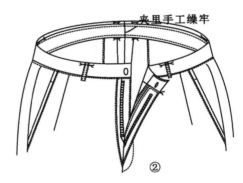

②

图 2-33 装腰、裤襻固定 （单位：cm）

Q&A：

3. 检查与评价

请对照表 2-4 休闲西裤任务评价参考标准进行自查自评。

表 2-4 休闲西裤任务评价参考标准

评价内容		权重	计分	考核点	备注
操作规范与职业素养 （15分）		5分		纪律：服从安排、不迟到等。迟到或早退一次扣0.5分，旷课一次扣1分，未按要求值日一次扣1分	出现人伤械损等较大事故，成绩记0分
		4分		安全生产：按规程操作等。人离未关机一次扣1分	
		3分		清洁：场地清扫等。未清扫场地扣1分	
		3分		职业规范：工具摆放符合"6S"要求	
样衣缝制 （85分）	裁剪质量	20分		裁片与零部件图片一致；各部位的尺寸规格要符合要求，裁片修剪直线顺直、弧线圆顺。发现尺寸不合理、线条不圆顺每处扣2分，扣完为止	样衣经检查为次品的该项最高记40分，经检查为废品的该项记0分
	缝制质量	50分		缝份均匀，缝制平服；线迹均匀，松紧适宜；成品无线头。口袋左右对称，袋盖不反翘；裤腰头面、里、衬平服，松紧适宜；装拉链平服、无连根线头。缝制质量不合格每处扣5分，扣完为止	
	熨烫质量	15分		成品无烫黄、污渍、残破现象。每发现一处扣3分，扣完为止	
总分		100分			

本章小结：

1. 休闲西裤用料时要区分面里料以及纱向；要区分有纺衬和无纺衬的用法，并合理安排衬料。

2. 休闲西裤采用四片式结构，注意前后片侧缝弧线、前后下裆弧线长短的一致性，同时还要注意腰口弧线连接后的顺滑度。

3. 休闲西裤的工艺难度主要集中在装腰、装门里襟拉链和开后口袋，制作时要注意装腰的顺滑度，门里襟的平复性和长度的一致性，以及后口袋的左右对称性和工艺造型的覆盖性。

学习思考：

1. 休闲西裤结构造型要注意哪些环节，请结合你的任务实践，谈谈你的体会与收获。

2. 休闲西裤在进行开后袋时要注意哪些方面的工艺？

3. 仔细分析图 2-34 休闲裤款式，请设计好该款的生产通知单，制作样衣工业样板（含面料样板、里料样板、衬料样板、辅料样板、工艺样板），完成工艺流程设计和样衣制作。

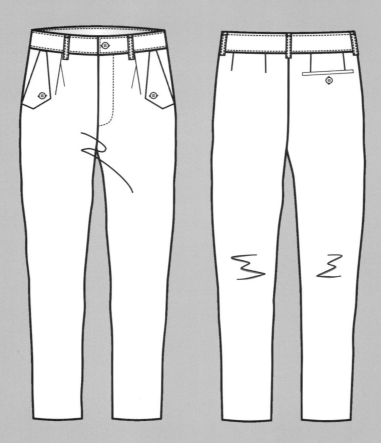

图 2-34 休闲裤

宝剑头长袖衬衫制版与工艺

项目描述：

按照某公司提供的宝剑头长袖衬衫生产通知单（表3-1），对照170/88A的号型设计成品规格尺寸，分析款式造型、面料特性、工艺要求等，进行结构造型分析和样板制作，然后按照单量单裁的要求配置面、辅料，设计样衣工艺流程并完成样衣制作。

学习重点： 结构造型分析和样板制作，缝角处理、核版和对版，衬衫工艺流程设计，样衣工艺制作。

学习难点： 结合面料的性能和工艺要求进行结构造型分析；合理选择并组织现有设备，进行休闲西裤工艺流程设计；归、推、拔工艺处理。

学习目标：

能读懂《宝剑头长袖衬衫生产通知单》的各项要求，选择合适的制版方法与工艺。

能根据款式图，结合面料的性能和工艺要求进行结构造型分析和样板制作。

能针对不同的样板进行缝角处理、核版和对版。

能根据单量单裁的要求进行面、辅料排料。

能合理选择并组织现有设备进行宝剑头长袖衬衫工艺流程设计。

能合理使用现有设备进行宝剑头长袖衬衫工艺制作。

能正确进行样衣后整理。

能进行安全、文明、卫生作业。

表 3-1 宝剑头长袖衬衫生产通知单

款号：		客户：BSR		款式名称：宝剑头长袖衬衫		季节：夏季	单位：cm
制单号：		纸样号：		组别：		面料：棉涤混纺	里料：

部位	尺寸（单位：cm）			
	165/84A	170/88A	175/92A	
后背长	41.5	42.5	43.5	
后中长	70.5	73	75.5	
胸围	104	108	112	
肩宽	46.8	48	49.2	
领围	40	41	42	
袖长	59	60.5	62	
袖口	23	24	25	

裁剪要求	商标要求	工艺要求
规格尺寸：允许的公差范围内。样板：面、辅料齐全，无缺损。缩水：裁剪前，面、辅料采取恰当的方法进行缩水处理。色差：裁剪前观察面料色差、色条，使破损量在允许的公差范围内。纱向：纱向顺直，偏差量控制在允许的公差范围内。裁剪：进出刀符合要求，裁片准确，两层相符，刀口深0.5cm	主唛：配色车线车两边于后领正中，不要过底车，需回针牢固。尺码唛：吊车于夹里侧缝距边18cm。成分唛：吊车于夹里侧缝距边18cm	机针：14号。针距：3cm13针。烫衬：门襟、上盘领、下盘领、袖克夫、粘树脂衬。粘衬须牢固不起泡，大货不洗水布面严禁粘有残余衬渍。前身：胸部饱满，大身平挺，止口顺直，不搅不翘。后身：后背方登，肩缝顺直，肩头平整。衣袖：绱袖圆顺，无起涟、吊紧现象。领子：领头窝服，装领平服，不歪斜，领角长短一致。口袋：规格准确，袋角圆顺、方正，袋盖与袋兜吻合。整烫：熨烫平服、整洁，无烫黄、烫焦、水渍和亮光。锁眼：门襟6个，锁平头扣眼，开眼净长1.2cm；袖口衩左右各设2个，大袖衩左右各设1个，平头扣眼开眼净长1.2cm

工艺编制：	编制日期：	工艺审核：	审核日期：

任务一 宝剑头长袖衬衫结构设计

1. 结构造型分析

宝剑头长袖衬衫基本结构属于四开身。着装时要求前门襟的搭门和前领口全部扣合起来，呈现庄重、拘谨的效果。宝剑头长袖衬衫的纸样设计不能像西服那样过于合体，否则会影响其应用的机能性。故胸围放松量一般在 18cm~22cm，肩宽加放 2cm~3cm，领围加放 3cm~4cm，袖长较西服衣袖长 1cm~2cm。

2. 样衣结构制图

（1）前、后片框架图（图 3-1）

① 衣长：衣后中长 73cm。

② 后背宽：按 $B/6+4.5cm$ 计算。

③ 前、后领：按 $N/5cm$ 确定后横开领尺寸。前横开领按后横开领 − 0.2cm 处开出。后领深为定数 2.5cm，前领深等于后横开领深。

④ 袖窿深：袖窿深尺寸一般随着胸围尺寸的变化而变化，按照 $B/6+9cm$ 确定袖窿深。

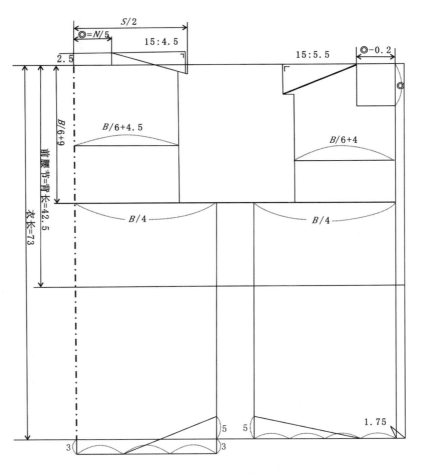

图 3-1 前、后片框架图 （单位：cm）

⑤ 胸围：按照净 B+20cm 计算，其中 20cm 为放松量，前、后片均按 B/4cm 进行计算。

（2）前、后片轮廓图（图 3-2）

① 前后肩线：前、后肩斜分别按照 15:5.5、15:4.5 斜度确定，并按照 S/2cm 确定后肩宽尺寸，量出后小肩宽，前小肩宽等于后小肩宽。

② 前胸宽：前门襟若全扣会限制手臂的机能性，故前胸宽定为 B/6+4cm。

③ 搭门宽：1.75cm。

④ 扣位：在前中心领窝往上 1cm 处设第一粒扣。距第一粒扣往下 6cm 处定第二粒扣，第 6 粒扣由腰节线往下腰节 /5 尺寸处定出，另三扣按上第二粒扣至第六粒扣等分画出。

⑤ 复司：按后领深往下量 8cm，袖窿处抬高 0.5cm，肩缝处后片向前片借量 3cm。

⑥ 底边：侧缝前、后片往上各抬高 5cm，后中低落 3cm，后片取后胸围的三分之一画顺，前片取前胸围的四分之一画顺。

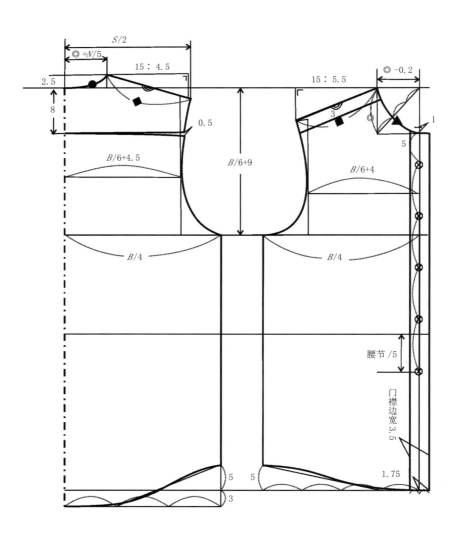

图 3-2 前、后片轮廓图 （单位：cm）

（3）前口袋定位（图3-3）

前口袋：距胸宽线进2.5cm处定出，胸围线往上抬高3cm处为袋盖位，袋盖宽$B/10$cm，袋长距离袋盖处$B/10+1.5$cm，袋盖两边宽3cm，中间宽4cm。

（4）袖片框架图（图3-4）

① 袖山高：按$AH/6$cm尺寸作出。

② 袖前、后宽斜线：由袖山高点量至袖肥线处，前、后长分别按前$AH-0.5$cm、后$AH-0.5$cm处定出。

③ 袖口：按袖口$+6$cm计算。

（5）袖片轮廓图（图3-5）

① 袖克夫：长为24cm（袖口）$+2$cm（搭门量），宽为6cm。

② 袖口开衩：小衩长13cm，宽为3cm，宝剑头长17cm，宽为5cm，褶裥量为6cm。

③ 扣位：克夫宽偏进1.5cm，高低位取3cm。

（6）衬衫领结构设计（图3-6）

① 领座：后领座宽2.8cm，领座的凹势为0.7cm。按图示画顺。

② 领面：后领面宽3.8cm，领面的凹势为2cm。按图示画顺。

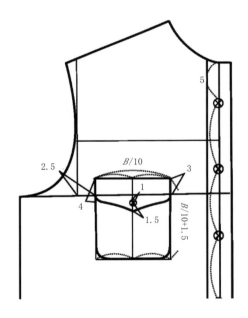

图3-3 前口袋定位 （单位：cm）

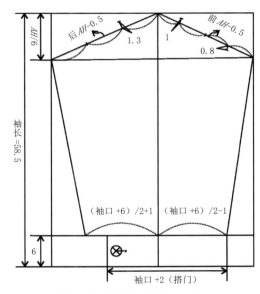

图3-4 袖片框架图 （单位：cm）

Q&A：

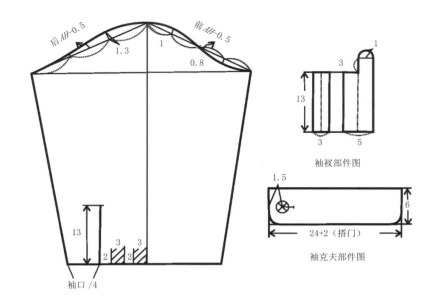

图 3-5 袖片轮廓图 （单位：cm）

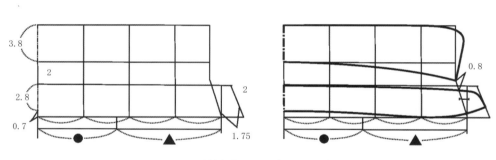

图 3-6 衬衫领结构设计 （单位：cm）

3. 检查与评价

请对照表 3-2 宝剑头长袖衬衫任务评价参考标准进行自查自评。

表 3-2 宝剑头长袖衬衫任务评价参考标准

评价内容	权重	计分	考核点	备注
操作规范与职业素养（15分）	5分		纪律：服从安排、不迟到等。迟到或早退一次扣0.5分，旷课一次扣1分。未按要求值日一次扣1分	出现人伤械损等较大事故，成绩记0分
	4分		清洁：场地清扫等。未清扫场地一次扣1分	
	3分		事先做好准备工作、工作不超时	
	3分		职业规范：工具摆放符合"6S"要求	

样衣生产通知单（30分）	款式图	4分	正、背面款式图比例造型准确，工艺结构准确；款式图轮廓线与内部结构线区分明显，明线表达清晰；装饰及辅配件绘制清晰。每处错误扣1分，扣完为止	样衣生产通知单包含的五个内容齐全，不漏项。每处错误、交代不清楚或者漏项扣2分，扣完为止
	规格尺寸	6分	成品规格尺寸表主要部位不缺项，规格含国标165/84A、170/88A、175/92A三个系列规格	
	裁剪要求	6分	裁剪方法交代清楚	
	商标要求	4分	商标要求交代清楚	
	工艺要求	10分	针距、缝份、用线等主要缝制要求及方法明确	
样衣结构设计（55分）	与款式图吻合	15分	结构制图与款式图不一致扣15分	制图规范，各部位尺寸设计合理。每错一个部位扣5分，扣完为止
	尺寸比例协调	15分	服装局部尺寸设计不合理，每处扣5分，扣完为止	
	线条粗细区分	10分	各辅助线与轮廓线粗细区分明显，每处错误扣1分，扣完为止	
	线条流畅	10分	服装制图线条不流畅、潦草，每处扣1分，扣完为止	
	标识	5分	各部位标识清晰，不与制图线混淆。无标识每处扣0.5分，扣完为止	
总分		100分		

任务二　宝剑头长袖衬衫放缝与排料

1. 面料样板制作

① 放缝说明：由于侧缝和袖底缝份都是外包缝，并且是前包后，所以前片侧缝及前袖缝分别放缝1.2cm，袖笼放缝0.6cm，后片侧缝和后袖底缝分别放缝0.6cm，衣片底摆放缝1cm，袖山放缝1.5cm，贴袋口放缝2.5cm。其他部位都放缝1cm（图3-7）。

② 缝角处理：前后衣片侧缝、大小袖片内外侧缝均需进行直角放缝，衣片下摆、袖片下摆要对折处理放缝。

③ 排料说明：该排料为单量单裁排料，不适合工业排料。排料时首先将面料两织边对齐，面向自己，铺平面料，注意上下层的松紧和面料的经纬纱向顺直。后片为不破缝结构，在排料时要将后中心线对准面料折叠边（图3-7）。

2. 衬料配置与排料

① 放缝说明：门襟、袖克夫和领座为净样，翻领面为三净一毛，即翻领面外止口线为净样，领口弧线为毛样。翻领里和袖衩与面料相同。

② 衬料说明：与面料样板排料要求相同（图3-8）。

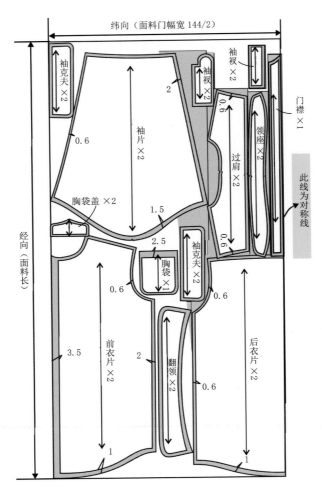

图 3-7 面料放缝与排料 （单位：cm）

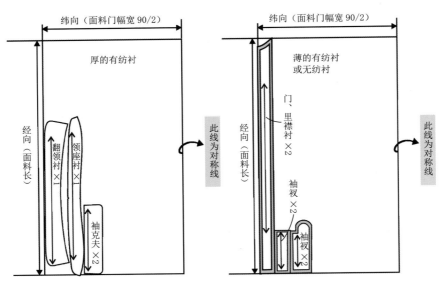

图 3-8 衬料配置与排料 （单位：cm）

3. 检查与评价

请对照表 3-3 宝剑头长袖衬衫任务评价参考标准进行自查自评。

表 3-3 宝剑头长袖衬衫任务评价参考标准

评价内容		权重	计分	考核点	备注
操作规范与职业素养（15 分）		5 分		纪律：服从安排、不迟到等。迟到或早退一次扣 0.5 分，旷课一次扣 2 分。未按要求值日一次扣 1 分	出现剪伤人等较大事故，成绩记 0 分
		4 分		安全生产：安全使用剪刀，按规程操作等。不按规程操作一次扣 1 分	
		4 分		清洁：场地清扫等。不清扫场地一次扣 1 分	
		2 分		职业规范：工具摆放符合"6S"要求	
样衣样板（85 分）	规格尺寸	15 分		样板纸样设计合理，纸样各部位尺寸符合要求。每个部位尺寸超过误差尺寸扣 2 分，扣完为止	裁剪纸样、工艺纸样齐全。缺少一个纸样扣 10 分，扣完为止
	样板吻合	15 分		样板拼合长短一致。每出现一处错误扣 2 分，扣完为止	
		15 分		两片或两部件拼合，有吃势，应标明吃势量，并做好对位剪口标记。缺少一项扣 3 分，扣完为止	
	缝份加放	15 分		各部位缝份、折边量准确，符合工艺要求。每处错误扣 2 分，扣完为止	
	必要标记	15 分		对位剪口标记、纱向线、钻孔、纸样名称及裁片数量等标注齐全。缺少一项扣 2 分，扣完为止	
	熨烫质量	10 分		纸样修剪圆顺流畅。不圆顺、不流畅每处扣 2 分	
总分		100 分			

任务三　宝剑头长袖衬衫工艺设计

1. 工艺流程设计

宝剑头长袖衬衫工艺流程为：验片→做标记→做门里襟挂面，做、烫门里襟→做、装胸贴袋→装后复司（过肩）、缝合肩缝→做领→装领缉明线→做袖衩→绱袖→缝合侧缝和袖底缝→做袖克夫、装袖克夫→卷底边→锁眼、钉扣→整理→整烫。

2. 工艺制作分解

（1）验片

① 面料裁片：前衣片 2 片、明门襟 1 片、后衣片 1 片、复司 2 片、袖片 2 片、袖克夫 4 片、胸贴袋 1 片、胸袋盖 2 片、袖衩 4 片、翻领 2 片、领座 2 片。共 23 片。

② 衬料树脂衬裁片：翻领衬 1 片、领座衬 1 片、袖克夫衬 2 片。共 4 片。

③ 无纺衬裁片：袖衩衬 4 片、门里襟衬 2 片，共 6 片。

仔细检查裁好的衣片和部件是否配齐，不能遗漏。

（2）做标记

① 前衣片：上挂面的位置、胸袋位、底边宽位置。

② 后衣片：与复司（过肩）相接点。

③ 袖片：对肩点、袖口收褶位。

④ 过肩（复司）：与后片相接点、装领中心点。

（3）做门襟挂面，做、烫门里襟

① 烫门襟挂面衬：按照所配的衬用熨斗或烫衬机进行贴烫。

② 做里襟（图3-9）：右前衣片挂面在止口线处向反面折转并缉 2.5cm 宽的线。

③ 做门襟（图3-10）：先按照衬样板宽度烫好门襟，由于门襟挂面是外翻的，所以门襟丝缕方向可以是直丝、横丝或斜丝。再把烫好衬的挂面搭缉到左前片上缉明线并烫好，注意明门襟止口并吐出 0.5cm，然后翻转到门襟正面，左右缉明线各 0.5cm 宽。

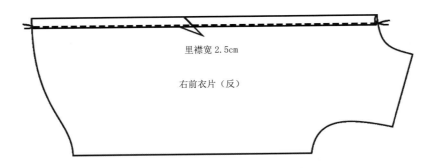

图 3-9　做里襟

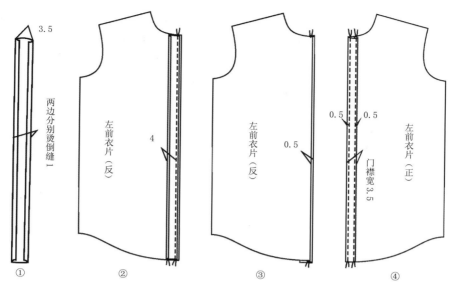

图 3-10 做门襟 （单位：cm）

（4）做、装胸贴袋

① 做胸袋袋盖：见图 3-11。

② 烫贴袋：见图 3-12。

③ 装胸袋（图 3-13）：在左前衣片画好
胸袋的位置，从袋口的右边起针，缉 0.1cm 宽
止口，再缉 0.6cm 宽双明线，缉线时注意袋布
与衣身保持平服。

④ 装袋盖：将袋盖正面与左前衣片正面相
对缉线，翻转袋盖压缉 0.6cm 宽双明线。

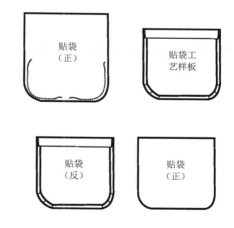

图 3-12 烫贴袋

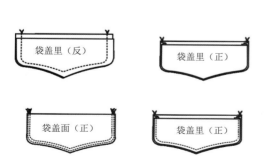

图 3-11 做胸袋袋盖

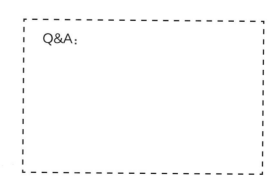

Q&A：

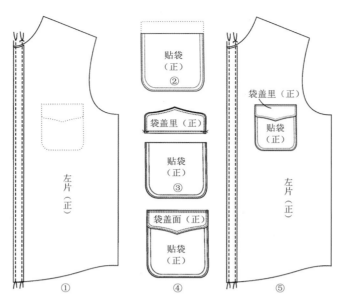

图 3-13 装胸袋

（5）装后复司（过肩）、缝合肩缝

①扣烫后复司面（图 3-14-①）：先确定一片复司为面料，并按照 1cm 缝份烫倒，做好各个对位记号。

②装复司（图 3-14-②）：把复司面料与后衣片面料正面相对，同时把复司里子的正面与后衣片反面相对，三层同时放好，中点对准，留缝份 1cm 缉线。

③压缉后复司明线（图 3-14-③）：将里层复司翻下，在复司和衣片正面沿止口线缉 0.1cm 宽明线，再缉 0.6cm 宽双明线。缝合后翻上里层复司与外层复司叠合检查，应保持里外层复司肩缝平行，位置准确。

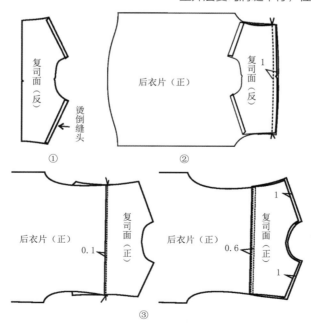

图 3-14 装复司 （单位：cm）

④ 缝合肩缝（图3-15）：将前衣片反面
与后衣片反面相对，后衣片放上面，把复司正
面掀起，沿着衣片的肩线缉 1cm 宽缝份。

⑤ 压肩缝明线（图3-16）：将烫转好
的复司正面平放好，压缉明线，从左至右缉
0.1cm 止口，再缉 0.6cm 宽双明线。

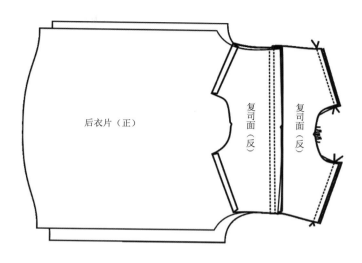

图 3-15 缝合肩缝

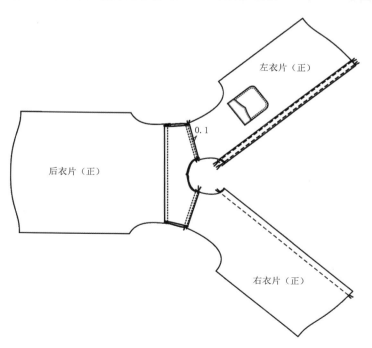

图 3-16 压肩缝明线 （单位：cm）

（6）做领

① 配领衬（图3-17-①）：翻领配双层涤棉树脂黏合衬，斜丝。第一层衬与翻领面毛样等大，第二层衬比翻领面净样小，三方都少0.1cm，与下领相接处少0.5cm，注意两端的处理。

② 缝合翻领领面与领里（图3-17-②）：将翻领领面与翻领领里正面相叠，沿翻领净样缉线，同时把领角插片放在领面圆角处，缝线应顺直，圆角圆顺，左右对称。下层领里稍带紧，在领角处使领面略有吃势。

③ 缉翻领领面明线（图3-17-③）：先将缉好线的翻领领面进行修剪、整烫好，使得翻领正面自然外翻，再在翻领正面缉明线，缉0.1cm宽止口，再缉0.6cm双明线。

④ 做领座（图3-17-④）：配双层涤棉树脂黏合衬，斜丝，比领座净样小0.1cm。将配好的领座衬用熨斗烫好，缉领座下口线，沿领座衬下口边折转边熨烫，将1.2cm宽缝份沿着领衬包转缉线，缉线宽为0.6~0.8cm，并做好记号。

⑤ 缝合翻领与领座（图3-17-⑤）：将领座面子和领座里子正面相对叠好，中间夹入翻领，翻领的面子与领座面子相对，所有的剪口对齐，离领座净样线0.1cm缉缝，注意上下层保持一致，起针、收针要回针。

⑥ 翻烫领座（图3-17-⑥）：在领座上口线离翻领端点2cm处缉止口线，同时各缉一道宽为0.1cm和0.8cm的明线，烫好待上。

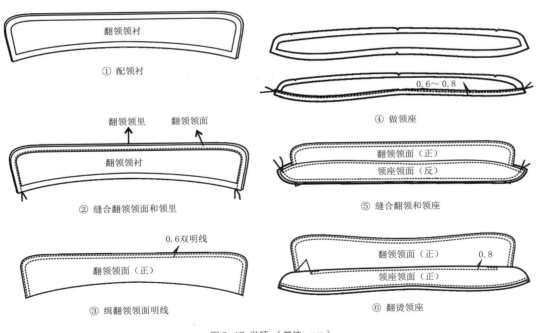

① 配领衬

④ 做领座　0.6~0.8

翻领领里　翻领领面

翻领领衬

② 缝合翻领领面和领里

翻领领面（正）
领座领面（反）

⑤ 缝合翻领和领座

0.6双明线

翻领领面（正）

③ 缉翻领领面明线

翻领领面（正）　0.8
领座领面（正）

⑥ 翻烫领座

图3-17 做领 （单位：cm）

Q&A:

时尚男装制版与工艺

（7）装领、缉明线

① 装领（图3-18-①）：将衣身面与领座里相对，同时对准做个记号，沿着制成线1cm缉缝。一般领子比衣身领圈略长0.3cm~0.5cm，制作时适当拉宽肩缝处领圈一点，其他各处保持平服，缉线宽度为1cm。

② 缉明线（图3-18-②）：把已经上好的领放平，从左边的门襟领座上口线接线处接着缉线，缉0.1cm宽明线至里襟领座的接线处，要求左右两边缉线一致。

（8）做袖衩（图3-19）

① 烫衬（图3-19-①）：剪袖衩条两条，并烫好衬。

② 扣烫袖衩条（图3-19-②）：扣烫袖衩条，里包条宽1.1cm，外包条宽2.4cm，缝份1cm扣烫好。

③ 剪袖衩（图3-19-③）：剪开衩口，上端剪成"Y"字形，把三角处翻上。

④ 缉明线（图3-19-④）：装里侧包条，将扣烫好的包边条包住小片衩口，按0.1cm宽缉明线，缉到衩根。

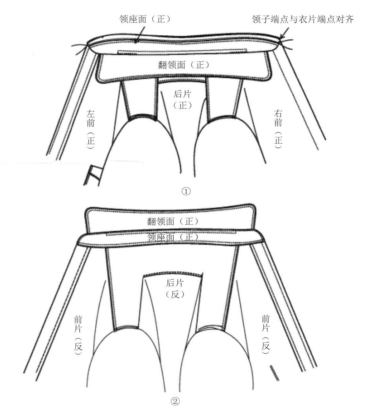

图3-18 装领、缉明线

Q&A:

⑤ 封袖衩（图3-19-⑤）：装外侧包条，将外包条放另一侧衩口处，按0.1cm宽缉明线，在上端缉成箭头，并在"Y"口横向封缉两道。

（9）绱袖

① 缉袖山弧线（图3-20-①）：把袖山弧线朝正面方向折转0.5cm宽缝份，并缉0.1cm宽清止口。

② 缝合衣袖（图3-20-②）：把衣片正面和袖片正面相对放好，并注意对好衣片上和袖片上的剪口，缉0.1cm宽缝份。

③ 缉衣袖明线（图3-20-③）：将衣袖翻到正面袖缝处，衣片盖压袖片并沿边缉0.9cm宽明线，注意缉线平服。

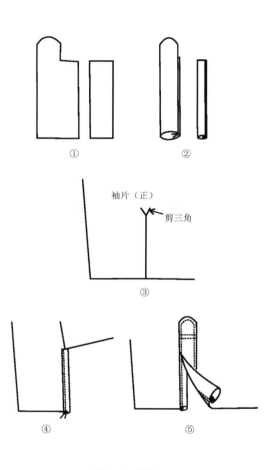

图3-19 做袖衩

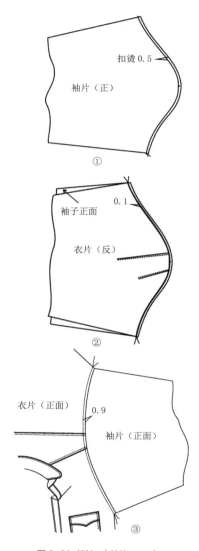

图3-20 绱袖 （单位：cm）

Q&A：

（10）缝合侧缝和袖底缝

① 缝合侧缝和袖底缝（图3-21-①）：
用外包缝的方法做侧缝和袖底缝，反面相对放
好，前片放上面，后片放下面，包转前片，
缉0.6cm～0.8cm宽的止口。

② 缉明线（图3-21-②）：放平包好的
衣片和袖片，压缉明线宽0.1cm和0.6cm宽，
外表呈双明线。

（11）做袖克夫、装袖克夫

① 做袖克夫（图3-22）：

沿制成线在袖克夫面的反面，黏一层涤棉

树脂黏合衬。衬面宽比袖克夫净样宽小0.1cm，
袖口布边缘沿衬烫1.5cm宽并缉1cm宽明线。

将袖克夫面子和里子的正面相对放好，
按照净样线缉线，然后修剪好缝份，转角处留
缝份0.3cm宽，其余部位留缝份0.5cm宽。
翻出正面，烫平服，再沿着克夫的外边（除了
与袖口相接的边）缉0.2cm宽的明止口，整
体外观要看不到袖克夫的里子。

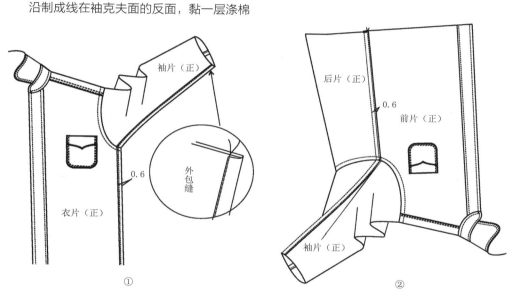

图3-21 缝合侧缝、袖底缝和缉明线 （单位：cm）

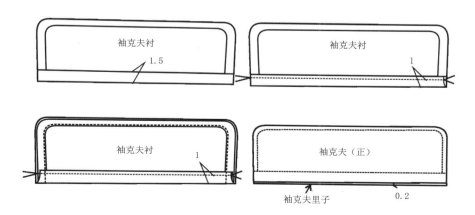

图3-22 做袖克夫 （单位：cm）

② 绱袖克夫（图3-23）：

方法一：先把袖克夫的里子折转到里面，并和袖克夫的面子平齐。烫好再将袖口夹在袖克夫的面里之间，绱0.1cm宽的明止口。注意袖克夫两端要塞足塞平。

方法二：与装领子的方法相同，先把袖克夫的里子正面与袖片的反面相对放好并绱线，再把绱好线的袖克夫放平，在袖克夫的正面绱0.1cm宽的止口线。注意袖克夫两端要塞足塞平。

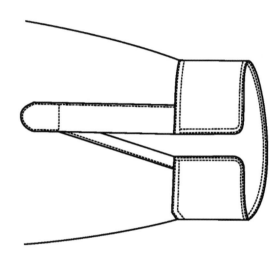

图3-23 装袖克夫

（12）卷底边（图3-24）

卷底边时要先把底边贴边按0.5cm宽双折扣烫好，然后沿所扣折边绱0.1cm宽止口线，注意绱线顺直。

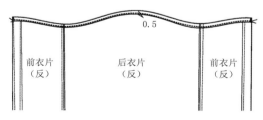

图3-24 卷底边 （单位：cm）

（13）锁眼、钉扣

① 锁眼：按照款式图中扣眼数量定好扣眼位，锁在左边门襟上，可以用机械锁眼，也可以用手工锁眼。注意门襟第一粒扣眼与领座上的扣眼距离比其他位置的距离要短，扣眼大为扣子直径大加0.1cm。领座上的扣眼为横向，其余为纵向，袖克夫上的扣眼为横向，袖衩上的扣眼为纵向。

② 钉扣：以扣眼为标准划好钉扣的记号，钉在右边的里襟上面，袖克夫上可以钉两粒扣子。

（14）整理

把衣服上所有部位的线头清剪干净。

（15）整烫

缝份的位置，可以先用熨斗把衬衫表面轻轻地全部烫一遍。不好熨烫的部位使用布馒头或其他工具进行熨烫，在烫的过程中要注意不要破坏了成衣整体效果。注意：在衣服的正面要垫烫布，避免起极光，蒸汽熨烫应烫干定型。

① 烫袖：将衣袖、袖头、袖口边同时烫平。装袖自然、圆顺、吃势均匀，袖克夫方头对称，左右一致，袖衩平整。

② 烫门襟：烫门里襟挂面（即贴边），一般要加垫布熨烫。门襟绱明线顺直，宽窄一致，左右门里襟长短一致。

③ 烫领：烫领子，先烫领里，再烫领面，把领子翻折好，烫好领折线。外翻领领角长短一致、窝服，外领平挺，烫衬无起泡、起皱，绱领线顺直，止口宽窄一致。装领部位左右一致，与门里襟相接处自然、平直，各个部位对位准确、无歪斜。

④ 烫下摆：沿着袖底缝至摆缝烫平下摆缝。底边绱线顺直，有条格时一定要对准条格，扣眼、扣位要准确、对称。

⑤ 外观：扣好前衣片，放平，胸袋同时也需烫好，然后折叠好。整烫平服，表面无污渍，无极光，无线头。

3. 检查与评价

请对照表 3-4 宝剑头长袖衬衫任务评价参考标准进行自查自评。

表 3-4 宝剑头长袖衬衫任务评价参考标准

评价内容		权重	计分	考核点	备注
操作规范与职业素养 （15 分）		5 分		纪律：服从安排、不迟到等。迟到或早退一次扣 0.5 分，旷课一次扣 1 分，未按要求值日一次扣 1 分	出现人伤械损等较大事故，成绩记 0 分
		4 分		安全生产：按规程操作等。人离未关机一次扣 1 分	
		3 分		清洁：场地清扫等。未清扫场地扣 1 分	
		3 分		职业规范：工具摆放符合"6S"要求	
样衣缝制 （85 分）	裁剪质量	20 分		裁片应与零部件图片一致；各部位的尺寸规格要合符要求，裁片修剪直线顺直、弧线圆顺。发现尺寸不合理、线条不圆顺每处扣 2 分，扣完为止	样衣经检查为次品的该项最高记 40 分，经检查为废品的该项记 0 分
	缝制质量	50 分		缝份均匀，缝制平服；线迹均匀，松紧适宜；成品无线头。口袋左右对称，袋盖不反翘；裤腰头面、里、衬平服，松紧适宜；装拉链平服、无连根线头。缝制质量不合格每处扣 5 分，扣完为止	
	熨烫质量	15 分		成品无烫黄、污渍、残破现象。每处错误扣 3 分，扣完为止	
总分		100 分			

本章小结：

1. 此款前后片用料可根据流行需要，选择棉麻织物。

2. 此款为休闲结构，采用四开身造型结构处理，注意后背长要长于前腰节长。

3. 此款领片粘有纺衬布，结构线都缉双明线。

学习思考：

1. 衬衫结构造型要注意哪些环节，请结合你的任务实践，谈谈你的体会与收获。

2. 衬衫工艺在进行烫有纺衬时要注意哪些要求？

3. 仔细分析图 3- 25 长袖衬衫款式，请设计好该款的生产通知单，制作样衣工业样板（含面料样板、里料样板、衬料样板、辅料样板、工艺样板），完成工艺流程设计和样衣制作。

图 3- 25 长袖衬衫

翻领夹克制版与工艺

项目描述：

按照某公司提供的翻领夹克生产通知单（表4-1），对照170/88A的号型设计成品规格尺寸，分析款式造型、面料特性、工艺要求等，并进行结构造型分析和样板制作。然后按照单量单裁的要求进行配置面、辅料，设计样衣工艺流程，并完成样衣制作。

学习重点：结构造型分析和样板制作，缝角处理、核版和对版，夹克工艺流程设计，样衣工艺制作。

学习难点：结合面料的性能和工艺要求进行结构造型分析，合理选择并组织现有设备，进行夹克工艺流程设计，归、推、拔工艺处理。

学习目标：

能读懂翻领夹克生产通知单的各项要求，选择合适的制版与工艺方法。

能根据款式图，结合面料的性能和工艺要求进行结构造型分析和样板制作。

能针对不同的样板进行缝角处理、核版和对版。

能根据单量单裁的要求，进行面、辅料排料。

能合理选择并组织现有设备，进行翻领夹克工艺流程设计。

能合理使用现有设备，进行翻领夹克工艺制作。

能正确进行样衣后整理。

能进行安全、文明、卫生作业。

表 4-1 翻领夹克生产通知单

款号:	客户: BSR		款式名称: 翻领夹克	季节: 秋季	单位: cm
制单号:	纸样号:		组别:	面料: 涤锦纶	里料: 无

部位	尺寸（单位: cm）			
	165/84A	170/88A	175/92A	
后背长	41.5	42.5	43.5	
后中长	66	68	70	
胸围	110	114	118	
肩宽	48.8	50	51.2	
领围	43	44	45	
袖长	58.5	60	61.5	
袖口	26.5	27	27.5	
颈椎点高	142	146	150	

裁剪要求	商标要求	工艺要求
规格尺寸: 允许的公差范围内。 样板: 面、辅料齐全, 无缺损。 缩水: 裁剪前, 对面、辅料采取恰当的方法进行缩水处理。 色差: 裁剪前观察面料色差、色条, 破损量在允许的公差范围内。 纱向: 纱向顺直, 偏差量控制在允许的公差范围内。 裁剪: 进出刀符合要求, 裁片准确, 两层相符, 刀口深 0.5cm	主唛: 配色车线车两边于领正中, 不要过底车, 需回针牢固。 尺码唛: 吊车于夹里侧缝距边 18cm 宽。 成分唛: 吊车于夹里侧缝, 距边 18cm 宽	机针: 14 号; 针距: 3cm 共 13 针。 前身: 胸部饱满, 大身平挺, 止口顺直, 不搅不翘。 后身: 后背方登, 肩缝顺直, 肩头平整。 衣袖: 装袖圆顺, 无起涟、吊紧现象。 领子: 领头窝服, 装领平服, 不歪斜, 领角长短一致。 口袋: 规格准确, 左右对称。 整烫: 熨烫平服、整洁, 无烫黄、烫焦、水渍和亮光

工艺编制:	编制日期:	工艺审核:	审核日期:

Q&A:

项目四 翻领夹克制版与工艺

任务一　翻领夹克结构设计

1. 结构造型分析

　　夹克是英文 jacket 的译音，是从中世纪男子穿用的粗布短上衣演变而来的。夹克自形成以来，其款式可以说是千姿百态。不同的时代，不同的政治、经济环境，不同的场合、身份、年龄、职业等，对夹克的造型设计都有不同的要求。夹克是人们现代生活中最常见的一种服装，由于它造型轻便、活泼、富有朝气，广为人们喜爱。

2. 样衣结构制图

　　翻领夹克是比较宽松的款式。胸围加放量一般在 24cm~30cm，肩宽加放量一般在 5cm~8cm，领围加放量一般在 6cm~8cm。

（1）前、后衣身框架图（图 4-1）

　　① 胸围：按照 $B/4$cm 计算。

　　② 衣长：后中长 – 7cm（底摆宽）。

　　③ 袖窿深：按 $B/6+10.5$cm 计算。

　　④ 背宽横线：在袖窿深的 1/2 处画出。

　　⑤ 后背宽：$B/6+4$cm。

　　⑥ 前胸宽：$B/6+3.5$cm。

　　⑦ 前、后领：按 $N/5-0.5$cm 计算，确定后横开领，前横开领按后横开领作出。后领深为定数 2.7cm（也可按后横开领 /3 画出），前领深参照 $N/5+1.5$cm 尺寸设计。

　　⑧ 前后肩线：前、后肩斜分别按照 15:5、15:4.5 斜度确定，并按照 $S/2$ 确定后肩宽度，量出后小肩宽，前小肩宽尺寸为后小肩宽尺寸 – 0.3cm。

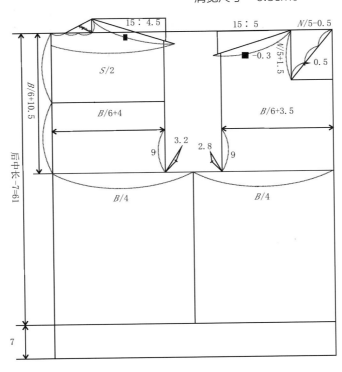

图 4-1 前、后衣身框架图 （单位：cm）

（2）前、后衣身轮廓图（图 4-2）

① 前止口：本款需装拉链，位置在前中心线偏进 0.5cm 处。

② 挂面宽：底摆处 6cm 宽，挂面上方在胸围线上量出宽 8cm，连接画顺即可。

③ 后育克：取袖窿深 /2 尺寸并向上量取 4cm，从中心线开始至袖窿弧线上抬 1.5cm 画顺。

④ 登闩：宽 7cm，长 8.5cm。

⑤ 罗纹：依据衣身下摆长（去掉罗纹长 8.5cm 的量）画出。考虑罗纹的松紧关系，罗纹长比该量要减少 20cm。

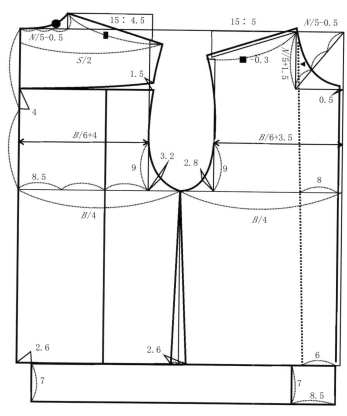

图 4-2 前、后衣身轮廓图 （单位：cm）

Q&A:

项目四 翻领夹克制版与工艺

（3）口袋定位图（图4-3）

斜插袋：在前片中画出斜插袋，口袋上口距胸宽延长线3.5cm，口袋下口距下摆8cm。袋口宽按照B/10+5cm确定，嵌条宽4cm。袋垫布宽按照嵌条宽（4cm）+2.5cm确定，长按袋口宽（B/10+5cm）+2cm确定。袋布长按袋口宽（B/10+5cm）+4cm确定。袋布宽至前止口线4cm处。

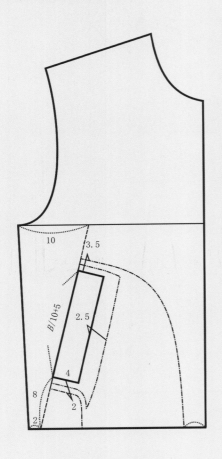

图4-3 口袋定位图 （单位：cm）

（4）两片式翻领纸样设计（图4-4）

设上盘领高为4.8 cm，下盘领高为3.2 cm。该领片为分割式两片登翻领，为符合人体颈部形态，在领翻折处作一分割线。

① 画翻领：后中线处抬高1.5 cm，前领角伸出4 cm，下落1 cm，圆角圆顺。

② 确定分割线：分割线的设置要距离翻折线0.6 cm，前距离领口6 cm。

③ 确定省量：取第一等份至第二等份的一半，省量0.3 cm。

④ 合并省量：剪掉0.3 cm的量，分别转移上、下盘领。

⑤ 画顺上、下盘领：画顺上、下盘领，打好眼刀。

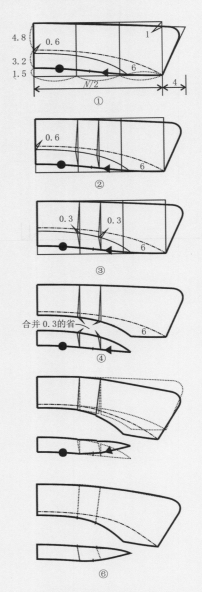

图4-4 两片式翻领纸样设计 （单位：cm）

（5）袖片框架图（图4-5）

① 袖山高：按$B/10+2.5cm$画出。

② 前袖宽斜线：按前$AH-1cm$画出。

③ 后袖宽斜线：按后$AH-1cm$画出。

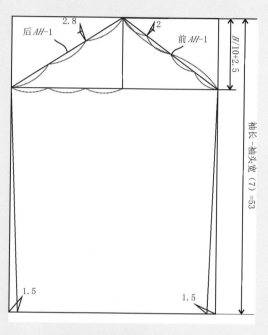

图4-5 袖片框架图 （单位：cm）

（6）袖片轮廓图（图4-6）

① 袖口：按袖肥宽两边各偏进1.5cm宽，小袖口宽9cm、大袖口宽18cm尺寸确定。

② 袖头：长按小袖口（9cm）+ 大袖口（18cm）尺寸定出，宽为7cm。此款为罗纹袖头，考虑罗纹的松紧关系，罗纹长比该量要减少5cm。

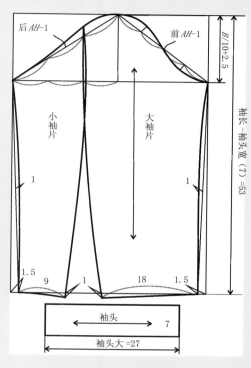

图4-6 袖片轮廓图 （单位：cm）

Q&A：

3. 检查与评价

请对照表 4-2 翻领夹克结构设计任务评价参考标准进行自查自评。

表 4-2 翻领夹克结构设计任务评价参考标准

评价内容		权重	计分	考核点	备注
操作规范与职业素养（15分）		5分		纪律：服从安排、不迟到等。迟到或早退一次扣0.5分，旷课一次扣1分，未按要求值日一次扣1分	出现人伤械损等较大事故，成绩记0分
		4分		清洁：场地清扫等。未清扫场地一次扣1分	
		3分		事先做好准备工作、工作不超时	
		3分		职业规范：工具摆放符合"6S"要求	
样衣生产通知单（30分）	款式图	4分		正、背面款式图比例造型准确，工艺结构准确款式图轮廓线与内部结构线区分明显，明线表达清晰；装饰及辅配件绘制清晰。每处错误扣1分，扣完为止	样衣生产通知单包含的五个内容齐全，不漏项，每处错误、交代不清楚或者漏项扣2分，扣完为止
	规格尺寸	6分		成品规格尺寸表主要部位不缺项，规格含国标165/84A、170/88A、175/92A三个系列规格	
	裁剪要求	6分		裁剪方法交代清楚	
	商标要求	4分		商标要求交代清楚	
	工艺要求	10分		针距、缝份、用线等主要缝制要求及方法明确	
样衣结构设计（55分）	与款式图吻合	15分		结构制图与款式图不一致扣15分	制图规范，各部位尺寸设计合理。每错一个部位扣5分，扣完为止
	尺寸比例协调	15分		服装局部尺寸设计不合理。每处扣5分，扣完为止	
	线条粗细区分	10分		各辅助线与轮廓线粗细区分明显。每处错误扣1分，扣完为止	
	线条流畅	10分		若服装制图线条不流畅、潦草，每处扣1分，扣完为止	
	标识	5分		各部位标识清晰，不与制图线混淆。无标识每处扣0.5分，扣完为止	
总分		100分			

任务二　翻领夹克放缝与排料

1. 面料样板制作

① 放缝说明：放缝要考虑面料的厚度，厚料要多放，薄料少放。此款除前中片中心线放缝1.5 cm和上盘领与下盘领拼合处放缝0.5cm外，其余放缝均为1cm（图4-7）。

② 缝角处理：大、小袖片的内、外侧缝均需进行直角放缝。

③ 排料说明：该排料为单量单裁排料，不适合工业排料。排料时首先将面料两织边对齐，面向自己，铺平面料，注意上、下层的松紧和面料的经纬纱向顺直。后片为不破缝结构，在排料时要将后中心线对准面料对折边。

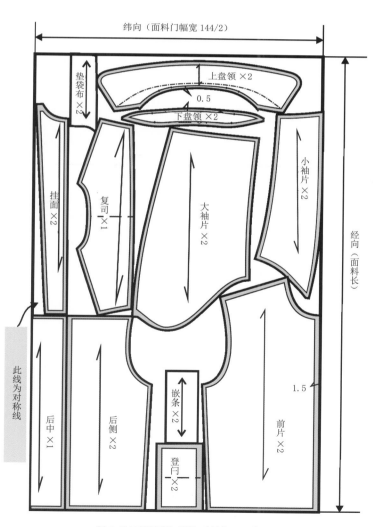

图4-7 面料放缝与排料 （单位：cm）

2. 检查与评价

请对照表 4-3 翻领夹克放缝与排料任务评价参考标准进行自查自评。

表 4-3 翻领夹克放缝与排料任务评价参考标准

评价内容		权重	计分	考核点	备注
操作规范与职业素养（15分）		5分		纪律：服从安排、不迟到等。迟到或早退一次扣0.5分，旷课一次扣2分，未按要求值日一次扣1分	出现人伤械损等较大事故，成绩记0分
		4分		安全生产：安全用剪刀，按规程操作等。不按规程操作一次扣1分	
		4分		清洁：场地清扫等。不清扫场地一次扣1分	
		2分		职业规范：工具摆放符合"6S"要求	
样衣样板（85分）	规格尺寸	15分		样板纸样设计合理，纸样各部位尺寸符合要求。每个部位尺寸超过误差尺寸扣2分，扣完为止	裁剪纸样、工艺纸样齐全。缺少一个纸样扣10分，扣完为止
	样板吻合	15分		样板拼合长短一致。每出现一处错误扣2分，扣完为止	
		15分		两片或两部件拼合，有吃势，应标明吃势量，并做好对位剪口标记。缺少一项扣3分，扣完为止	
	缝份加放	15分		各部位缝份、折边量准确，符合工艺要求。每处错误扣2分，扣完为止	
	必要标记	15分		对位剪口标记、纱向线、钻孔、纸样名称及裁片数量等标注齐全。缺少一项扣2分，扣完为止	
	样板修剪	10分		纸样修剪圆顺流畅。不圆顺、不流畅每处扣2分	
总分		100分			

任务三　翻领夹克工艺设计

1. 工艺流程设计

翻领夹克的工艺流程主要有：验片→开斜插袋→拼缝后衣片与育克→缝合肩缝→缝合大、小袖片→绱袖→合袖底缝→装袖口罗纹→缝合挂面与登闩→拼合衣身与登闩→装拉链→缝合底摆罗纹→做领→装领→钉装饰扣→整理→整烫。

2. 工艺制作分解

（1）验片

① 面料：前衣片 2 片、后中衣片 1 片、后侧衣片 2 片、挂面 2 片、大袖片 2 片、小袖片 2 片、上盘领 2 片、下盘领 2 片、袋垫布 2 片、登闩 2 片，嵌条 2 片、复司 1 片，共计 22 片。

② 里料：袋布 4 片，共计 4 片。

③ 罗纹料：袖口罗纹 2 片、下摆罗纹 1 片，共计 3 片。

④ 仔细检查裁片是否配齐，不能遗漏衣片和部件。

（2）开斜插袋

① 做嵌条（图 4-8-①）：将嵌条的正面对折，嵌条两侧缉缝 0.8cm 宽，翻到正面，缉 0.1cm 和 0.8cm 宽双明线，用熨斗烫平。

② 缝合嵌条（图 4-8-②）：将嵌条的正面与小袋布的反面相叠，留出嵌条宽并缉明线固定。

③ 缝合袋垫（图 4-8-③）：袋垫布正面朝上，与大袋布反面相对，在袋垫折光处缉缝 0.1cm 宽。

④ 缉口袋（图 4-8-④）：将嵌条对折口对齐粉印，小袋布在上一起缉缝，注意两头来回三道；袋垫在下、大袋布在上，与嵌条距

离 2cm 缉缝一道线，两头按照嵌条边偏进 0.3cm，注意起止针要两头来回缝三道。

⑤ 剪三角（图 4-8-⑤）：分开两边缝份，剪三角，注意不要剪断线，也不能离开缉线太远，一般距离缉线一根纱为佳。

⑥ 封三角（图 4-8-⑥）：将大小袋布翻至衣片反面摆平，封两头三角，大小袋布对准，缉缝后锁边。

⑦ 封袋角（图 4-8-⑦）：翻到正面在嵌条两边各缉缝 0.1cm 和 0.8cm 宽双明线。

Q&A：

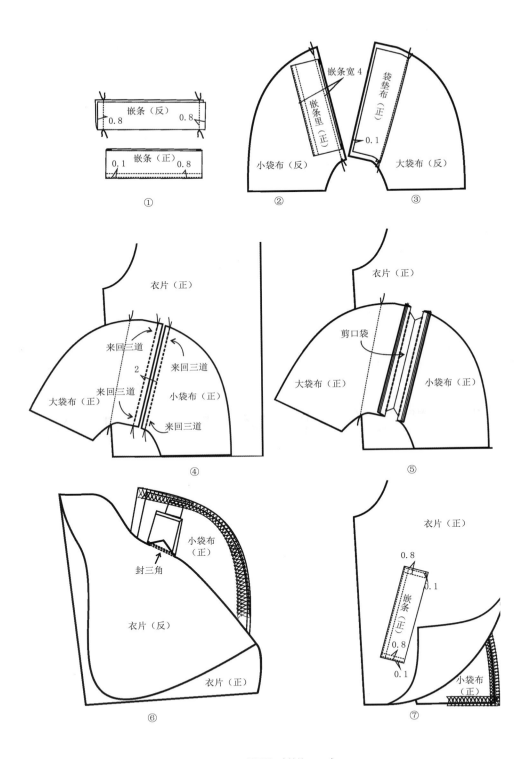

嵌条（反）
0.8　　　0.8

0.1　嵌条（正）　0.8

①

嵌条宽4

嵌条里（正）

袋垫布（正）

0.1

小袋布（反）　　　　大袋布（反）

②　　　　　　③

衣片（正）

来回三道

来回三道

2

来回三道

大袋布（正）　　小袋布（正）

来回三道

④

衣片（正）

剪口袋

大袋布（正）　　　　小袋布（正）

⑤

小袋布（正）

封三角

衣片（反）

衣片（正）

⑥

衣片（正）

0.8

0.1

嵌条（正）

0.8

0.1

小袋布（正）

⑦

图4-8 开斜插袋 （单位：cm）

时尚男装制版与工艺

（3）拼缝后衣片与育克（图4-9）

① 拼缝后衣片分割：将后中片与后侧片正面相叠，缉缝 1cm 并锁边，然后将缝份朝后，中片烫倒，再在后中片上压缉 0.1cm 和 0.8cm 宽双明线。

② 育克：育克在上，后衣片在下，正面相叠，缉缝 1cm 并锁边，将缝份朝育克烫倒，在育克正面缉缝 0.1cm 和 0.8cm 宽双明线。

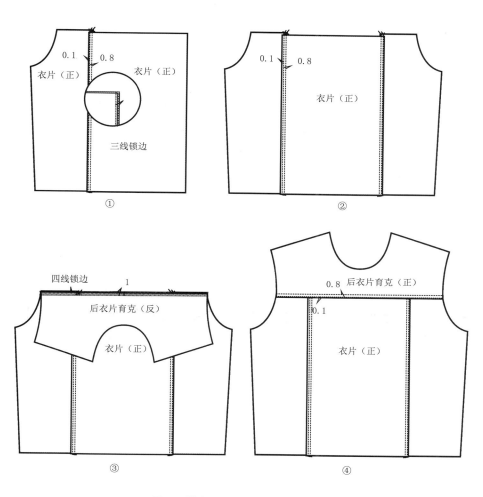

图 4-9 拼缝后衣片与育克 （单位：cm）

Q&A：

（4）缝合肩缝（图4-10）

　　将前、后衣片正面相叠，在肩缝处缉缝1cm并锁边，缝份向后衣片烫倒，在后衣片缉0.1cm和0.8cm宽的双明线。注意：在后肩缝需吃掉0.3cm宽的吃势量。

（5）缝合大、小袖片（图4-11）

　　将大、小袖片的前袖缝正面相叠，通常大袖片放在下面，对齐毛缝，上、中、下对准后缝合，缉缝1cm宽并锁边。翻至正面，缝份倒向大袖片，在大袖片上缉0.1cm和0.8cm宽的双明线。

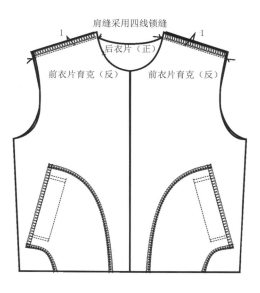

图4-10 缝合肩缝 （单位：cm）

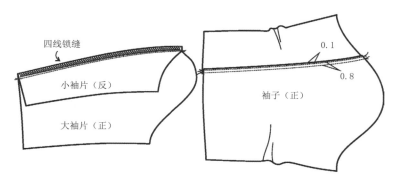

图 4-11 缝合大、小袖片 （单位：cm）

（6）绱袖（图4-12）

衣身在下，衣袖在上，正面相叠，眼刀对准，后袖山弧线和后片拼合，前袖山弧线和前衣片拼合，绱缝1cm宽并锁边。翻转后将缝份倒向衣身，压绱0.8cm宽明线。

（7）合袖底缝（图4-13）

将前、后衣片的袖口和下摆对齐，正面相叠，袖底十字形对准绱缝1cm宽，袖底缝和侧缝缝份倒向后片。

（8）绱袖口罗纹

① 缝合罗纹（图4-14-①）：将袖口罗纹正面相叠，在侧边绱缝0.6cm宽，然后将缝份分开，反面与反面相叠对折成一个圆圈。

② 装罗纹（图4-14-②）：衣袖翻到正面，罗纹套着衣袖并正面相叠，在袖口处绱缝1cm宽并锁边。注意袖口罗纹要比袖口围短5cm，绱缝时将罗纹拉长，同袖口长。

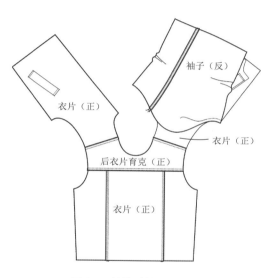

图4-12 绱袖 （单位：cm）

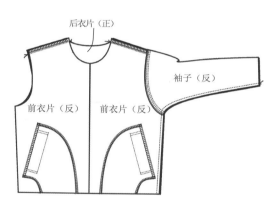

图4-13 合袖底缝 （单位：cm）

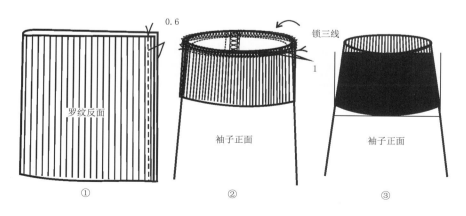

图4-14 装袖口罗纹 （单位：cm）

（9）缝合挂面与登闩

① 包缝挂面（图4-15-①）：挂面包边0.5cm宽。

② 缝合挂面与登闩（图4-15-②）：登闩与挂面正面相叠，止口对准缉缝1cm宽处并锁边，翻转登闩到正面并在登闩上压缉0.1cm宽明线。

③ 固定拉链（图4-15-③）：最后将拉链置于挂面上，缉缝0.8cm宽固定拉链。

（10）拼合衣身与登闩（图4-16）

衣片在下，已缝合挂面的登闩在上，正面相叠，在衣片下摆处如图所示缉缝1cm宽，在侧缝处留2.5cm宽不缉缝。注意进出针要来回缝三道。

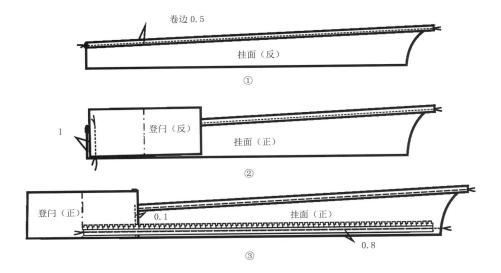

图4-15 缝合挂面与登闩 （单位：cm）

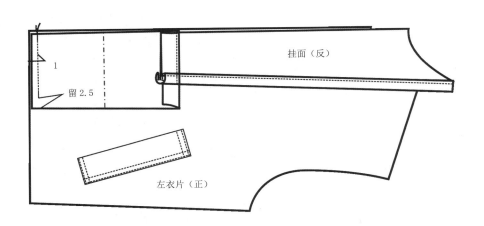

图4-16 拼合衣身与登闩 （单位：cm）

（11）装拉链（图4-17）

挂面在上，衣身在下，正面相叠，拉链夹在中间，刀眼对准缉缝1cm宽。然后将挂面翻转，露出拉链，整理好并在衣身正面压缉0.5cm宽明线。

（12）缝合底摆罗纹

① 缝合罗纹（图4-18-①）：下摆罗纹长度为衣下摆围 - 20cm，宽为17cm。

② 拼缝罗纹与登闩（图4-18-②）：将

罗纹对折，正面与登闩正面相叠，如图缉缝0.6cm宽。

③ 压登闩明线（图4-18-③）：将缝份倒向登闩，在登闩正面缉0.5cm宽明线。

④ 缝合罗纹与衣身（图4-18-④）：罗纹在上，衣身在下，正面相叠缉缝1cm宽并锁边。缝合罗纹与衣身时注意上下层的松紧度，对齐刀眼，适当拉长罗纹，使罗纹长度与衣服下摆长度一致。

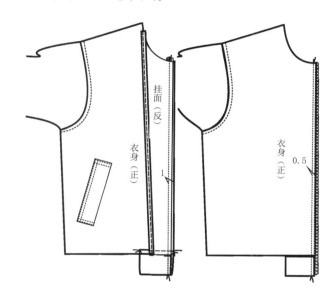

图4-17 装拉链 （单位：cm）

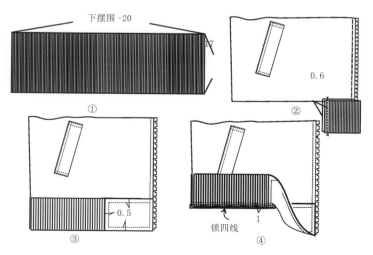

图4-18 缝合底摆罗纹 （单位：cm）

（13）做领

① 缝合上下盘领（图4-19-①）：按0.5cm缝份拼合上、下盘领，注意刀眼对准，吃势均匀。

② 压缉分割明线（图4-19-②）：分割线缝份分开，两边各缉0.1cm宽的明线。

③ 缝合领面和领里（图4-19-③）：领里与领面正面相叠，领面在下，按照领子净样线缉缝0.8cm宽，修剪缝份成0.5cm宽，圆角处0.3cm宽。注意领面圆角处略吃。

④ 翻烫领面（图4-19-④）：翻到正面，熨烫领面，熨烫时注意圆角圆顺，领窝势准确，止口不反露。

（14）装领

① 装衣领里（图4-20-①）：衣身在下，衣领面在上，衣领里正面与衣身正面相叠，对准刀眼缉缝1cm宽，然后修剪缝份成0.5cm宽。

② 装衣领面（图4-20-②）：翻转后，将衣领面领口弧线按照净样折光0.8cm宽（缝份1cm宽）并用熨斗烫平整，从衣领面的正面缉领口漏落缝0.1cm宽。衣领面正面不能压线。

（15）钉装饰扣

按照纸样设计的要求钉上口袋盖装饰扣。

（16）整理

清剪好衣服上所有部位的线头、污渍和粉印。

（17）整烫

正面盖水布熨烫，反面熨烫以喷水为主。

① 烫衣袖：将衣袖套进长形布馒头上（或专用袖型烫架上），为使衣袖整个平服装而有立体感，应把衣袖不平服处垫上垫布，用蒸汽熨斗烫平、烫煞。

② 烫肩部：把馒头整理成突起状，把衣服套在上面，在类似于穿着状态的情况下进行熨烫定型。熨烫肩部时，不可烫到袖山弧线，以免破坏衣袖的立体感，保证肩线对称、外观无水、平整。

③ 烫胸部：烫后的胸部处应造型丰满而符合人体体型，无极光、无皱褶、无折痕。

④ 烫背部：无被烫坏或压坏处。

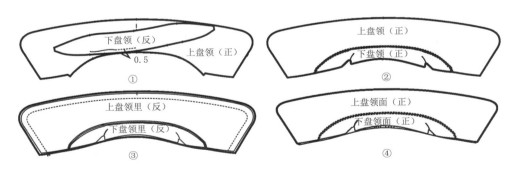

图4-19 做领 （单位：cm）

Q&A：

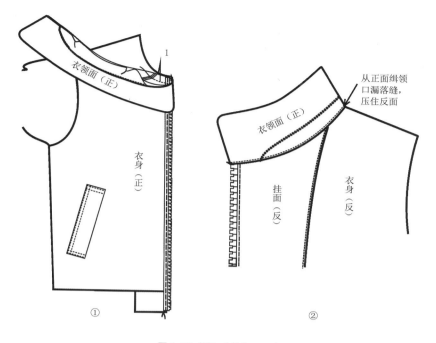

图 4-20 装领 （单位：cm）

Q&A：

3. 检查与评价

请对照表 4-4 翻领夹克工艺设计任务评价参考标准进行自查自评。

表 4-4　翻领夹克工艺设计任务评价参考标准

评价内容		权重	计分	考核点	备注
操作规范与职业素养（15分）		5分		纪律：服从安排、不迟到等。迟到或早退一次扣0.5分，旷课一次扣1分，未按要求值日一次扣1分	出现人伤械损等较大事故，成绩记0分
		4分		安全生产：按规程操作等。人离未关机一次扣1分	
		3分		清洁：场地清扫等。未清扫场地扣1分	
		3分		职业规范：工具摆放符合"6S"要求	
样衣缝制（85分）	裁剪质量	20分		裁片与零部件图片一致；各部位的尺寸规格要合符要求，裁片修剪直线顺直、弧线圆顺。发现尺寸不合理、线条不圆顺每处扣2分，扣完为止	样衣经检查为次品的该项最高记40分，经检查为废品的该项记0分
	缝制质量	50分		缝份均匀，缝制平服；线迹均匀，松紧适宜；成品无线头；口袋左右对称，袋盖不反翘；裤腰头面、里、衬平服，松紧适宜；装拉链平服、无连根线头。缝制质量不合格每处扣5分，扣完为止	
	熨烫质量	15分		成品无烫黄、污渍、残破现象。每处错误扣3分，扣完为止	
总分		100分			

时尚男装制版与工艺

本章小结：

1. 此款前后片用料可根据夹克用料要求，选用棉织物。

2. 此款为翻领夹克结构，采用四开身造型结构处理，注意后背长要长于前腰节长。

3. 此款前片粘烫有纺衬布，采用暗缲针法手工封口。

学习思考：

1. 夹克结构造型要注意哪些环节？请结合你的任务实践，谈谈你的体会与收获。

2. 夹克工艺在缝合罗纹时要注意哪些要求？

3. 仔细分析图 4-21 夹克款式，请设计好该款的生产通知单，制作样衣工业样板（含面料样板、里料样板、衬料样板、辅料样板、工艺样板），完成工艺流程设计和样衣制作。

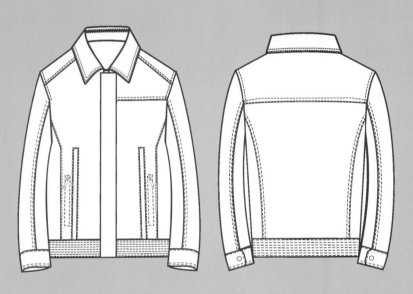

图 4-21 夹克

修身四扣马甲制版与工艺

项目描述：

某公司修身四扣马甲生产通知单见表 5-1，请对照 170/88A 的号型设计的成品规格尺寸，分析款式造型、面料特性、工艺要求等，进行结构造型分析和样板制作；然后按照单量单裁的要求进行配置面、辅料，设计样衣工艺流程并完成样衣制作。

学习重点：结构造型分析和样板制作，缝角处理、核版和对版，马甲工艺流程设计，样衣工艺制作。

学习难点：结合面料的性能和工艺要求进行结构造型分析，合理选择并组织现有设备，进行马甲工艺流程设计，敷牵条与归、推、拔工艺处理。

学习目标：

能读懂生产通知单的各项要求，选择合适的制版与工艺方法。

能根据款式图，结合面料的性能和工艺要求进行结构造型分析和样板制作。

能针对不同的样板进行缝角处理、核版和对版。

能根据单量单裁的要求进行面、辅料排料。

能合理选择并组织现有设备，进行马甲工艺流程设计。

能合理使用现有设备，进行马甲工艺制作。

能正确进行样衣后整理。

能进行安全、文明、卫生作业。

表 5-1 修身四扣马甲生产通知单

款号：	客户：BSR		款式名称：修身四扣马甲		季节：秋季	单位：cm
制单号：	纸样号：		组别：		面料：麦尔登	里料：美丽绸

部位	尺寸（单位：cm）					
	165/84A	170/88A	175/92A			
后背长	41.5	42.5	43.5			
后中长	49	50.5	52			
胸围	96	100	104			
肩宽	36	37	38			
颈椎点高	142	146	150			

裁剪要求	商标要求	工艺要求
规格尺寸：允许的公差范围内。 样板：面、辅料齐全，无缺损。 缩水：裁剪前，对面、辅料应采取恰当的方法进行缩水处理。 色差：裁剪前观察面料色差、色条，使破损量在允许的公差范围内。 纱向：纱向顺直，偏差量控制在允许的公差范围内。 裁剪：进出刀符合要求，裁片准确，两层相符，刀口深 0.5cm	主唛：配色车线车两边于后领正中，不要过底车，需回针牢固。 尺码唛：吊车于夹里侧缝距边 18cm 宽。 成分唛：吊车于夹里侧缝距边 18cm 宽	机针：14 号。 针距：3cm 共 13 针。 烫衬：前大小衣片、挂面、手巾袋袋爿、下袋袋盖面、后片龟背、后襻均粘浅灰褐色衬。粘衬须牢固不起泡，大货不洗水，布面严禁粘有残余污渍。 衣身：胸部造型饱满，领口平顺，止口顺直，不搅不翘，吸腰平服。 口袋：规格准确，左右对称，袋角方正。 整烫：熨烫平服、整洁，无烫黄、烫焦、水渍和亮光。 锁眼：门襟 4 个，锁圆头扣眼，开眼净长 16mm

工艺编制：	编制日期：	工艺审核：	审核日期：

任务一　修身四扣马甲结构设计

1. 结构造型分析

　　马甲款式源于法国路易十五时期，也称为背心。衣身为四开身结构，V字领，前门襟四粒扣，前尖角摆，手巾袋一个，有挖袋两个，后腰装襻。胸围加放量一般在 8~12cm，肩宽减少 3cm~5cm。

2. 样衣结构制图

（1）前、后片框架图（图 5-1）

　　① 胸围：按照 $B/2+1cm$ 计算，其中 1cm 为后省量。

　　② 衣长：衣长至后中长腰下 8cm 处；前尖角沿后中长下量 6cm，由前止口线偏进 6cm。

　　③ 袖窿深：较西服低，按 $B/6+11cm$ 尺寸计算。

　　④ 前、后领：按 $0.1B-0.5$ cm 尺寸确定后横开领，前横开领 $0.1B-0.8cm$，后领深 2.5cm，前领深开至胸围线下 4cm。

　　⑤ 前、后肩线：前、后肩斜分别按照 18°确定，并按照 $S/2$ 确定后肩宽，量出后小肩宽，前小肩宽与后小肩宽相同。

　　⑥ 后中缝：后中缝在袖窿深处收 1cm 宽，腰节处收 1.8cm 宽，底摆收 1.5cm 宽，弧线画顺。

　　⑦ 搭门宽：搭门宽 1.5cm。

　　⑧ 扣位：第一粒扣，胸围线下 4cm 和领口止点对齐；第四粒扣沿后中线位上移 4cm；另两粒扣按第一粒至第四粒扣等份画出。

　　⑨ 挂面：底摆在前尖角取 4cm，挂面上方与前小肩处同，挂面于中段侧缝处取宽 4cm。

　　⑩ 后龟背：后领中向下取宽 8cm，侧缝处下取宽 4cm。

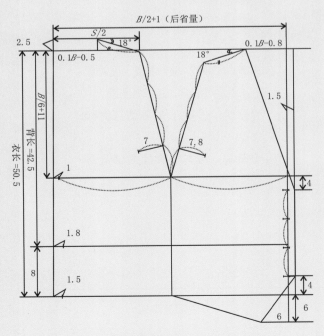

图 5-1　前、后片框架图（单位：cm）

（2）前、后片轮廓图（图5-2）

① 前领口：向内弧 1.5cm 画顺。

② 前腰省：距前中心线 10.5cm，在腰节处收省 1.5cm 宽，下摆处收 1cm 宽，上至口袋的一半位置。

③ 前后侧缝：在腰节处收腰 2cm 宽并画顺。

④ 后腰省：在后胸围一半处收后腰省，腰节处收 1.5cm 宽，下摆处收 1cm 宽。

⑤ 后中线：胸围线处收 1cm 宽，腰节处收 1.8cm 宽，下摆处收 1.5cm 宽，连接画顺。

⑥ 底摆：侧缝处往上翘 0.5cm 宽，前底摆按尺寸连接。

（3）口袋与腰带定位

口袋与腰带定位见图5-3。

（4）前挂面、后龟背、后腰带和底摆贴边纸样

前挂面、后龟背、后腰带和底摆贴边纸样见图5-4。

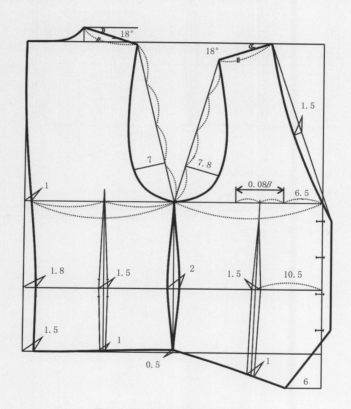

图5-2 前、后片轮廓图 （单位：cm）

Q&A:

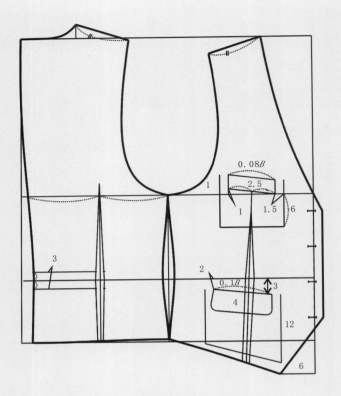

图 5-3 口袋与腰带定位 （单位：cm）

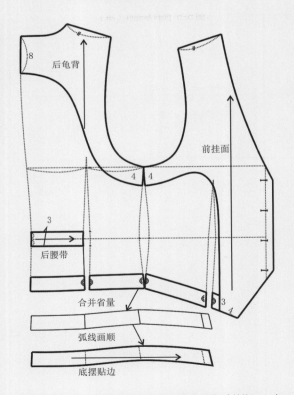

图 5-4 前挂面、后龟背、后腰带和底摆贴边纸样 （单位：cm）

（5）面料零部件（净）

面料零部件见图5-5。

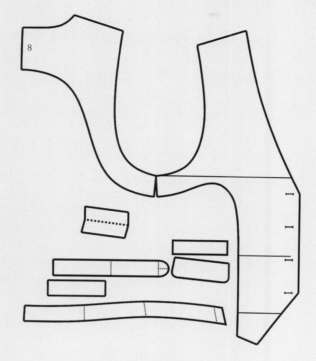

图5-5 面料零部件（净）

（6）前后片里料、口袋布纸样

前后片里料、口袋布纸样见图5-6。

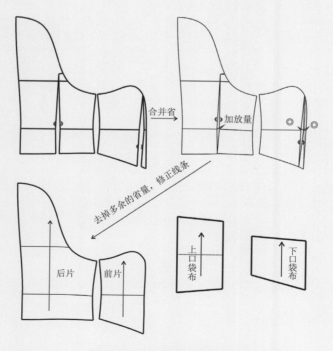

图5-6 前、后片里料、口袋布纸样

3. 检查与评价

请对照表 5-2 修身四扣马甲任务评价参考标准进行自查自评。

表 5-2 修身四扣马甲任务评价参考标准

评价内容		权重	计分	考核点	备注
操作规范与职业素养（15分）		5分		纪律：服从安排、不迟到等。迟到或早退一次扣0.5分，旷课一次扣1分，未按要求值日一次扣1分	出现人伤械损等较大事故，成绩记0分
		4分		清洁：场地清扫等。未清扫场地一次扣1分	
		3分		事先做好准备工作，工作不超时	
		3分		职业规范：工具摆放符合"6S"要求	
样衣生产通知单（30分）	款式图	4分		正、背面款式图比例造型准确，工艺结构准确；款式图轮廓线与内部结构线区分明显，明线表达清晰；装饰及辅配件绘制清晰。每处错误扣1分，扣完为止	样衣生产通知单包含的五个内容齐全，不漏项，每处错误、交代不清楚或者漏项扣2分，扣完为止
	规格尺寸	6分		成品规格尺寸表主要部位不缺项，规格含国标165/84A、170/88A、175/92A 三个系列规格	
	裁剪要求	6分		裁剪方法交代清楚	
	商标要求	4分		商标要求交代清楚	
	工艺要求	10分		针距、缝份、用线等主要缝制要求及方法明确	
样衣结构设计（55分）	与款式图吻合	15分		结构制图与款式图不一致扣15分	制图规范，各部位尺寸设计合理，每错一个部位扣5分，扣完为止
	尺寸比例协调	15分		服装局部尺寸设计不合理，每处扣5分，扣完为止	
	线条粗细区分	10分		各辅助线与轮廓线粗细需区分明显。每处错误扣1分，扣完为止	
	线条流畅	10分		服装制图线条不流畅、潦草，每处扣1分，扣完为止	
	标识	5分		各部位标识清晰，不与制图线混淆。无标识每处扣0.5分	
总分		100分			

任务二 修身四扣马甲放缝与排料

1. 面料样板制作

　　① 放缝说明：放缝要考虑面料的厚度，厚的面料要多放，四周均放缝 1cm（含单量单裁排料）（图5-7）。

　　② 缝角处理：前、后衣片需进行直角放缝。

　　③ 排料说明：该排料为单量单裁排料，不适合工业排料。排料时首先将面料两织边对齐，面向自己，铺平面料，注意上下层的松紧，且面料的经纬纱向需顺直。

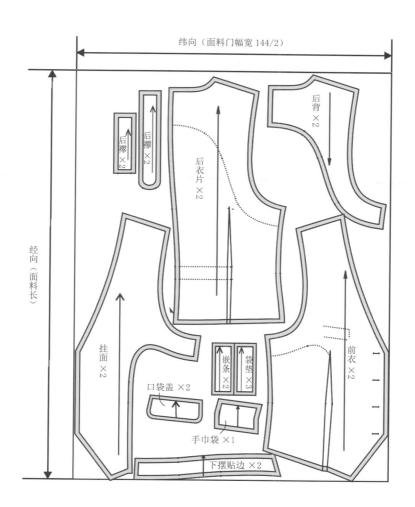

图5-7 面料放缝与排料 （单位：cm）

2. 里料样板制作

① 放缝说明：前、后衣片夹里在前、后衣片中，将净样取出。将挂面（净样）与后龟背（净样）部分去掉，剩余部分为前、后衣片夹里（净样）。前、后衣片中省量作为夹里松量处理即可，四周放缝1.3cm。下袋布、上袋布为毛样（图5-8）。

② 排料说明：排料要求与面料样板排料要求相同。

3. 衬料样板制作

① 放缝说明：按净样板四周放缝0.8cm（图5-9）。

② 排料说明：与面料样板排料要求相同。

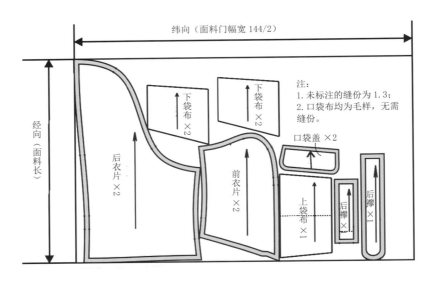

图5-8 里料放缝与排料 （单位：cm）

Q&A：

时尚男装制版与工艺

4. 检查与评价

请对照表 5-3 修身四扣马甲任务评价参考标准进行自查自评。

表 5-3 修身四扣马甲任务评价参考标准

评价内容		权重	计分	考核点	备注
操作规范与职业素养（15分）		5分		纪律: 服从安排、不迟到等。迟到或早退一次扣0.5分，旷课一次扣2分，未按要求值日一次扣1分	出现人伤械损等较大事故，成绩记0分
		4分		安全生产: 安全用剪刀，按规程操作等。不按规程操作一次扣1分	
		4分		清洁: 场地清扫等。不清扫场地一次扣1分	
		2分		职业规范: 工具摆放符合"6S"要求	
样衣样板（85分）	规格尺寸	15分		样板纸样设计合理，纸样各部位尺寸符合要求。每个部位尺寸超过误差尺寸扣2分，扣完为止	裁剪纸样、工艺纸样齐全，缺少一个纸样扣10分，扣完为止
	样板吻合	15分		样板拼合长短一致。每处错误扣2分，扣完为止	
		15分		两片或两部件拼合，有吃势，应标明吃势量，并做好对位剪口标记。缺少一项扣3分，扣完为止	
	缝份加放	15分		各部位缝份、折边量准确，符合工艺要求。每处错误扣2分，扣完为止	
	必要标记	15分		对位剪口标记、纱向线、钻孔、纸样名称及裁片数量等标注齐全。缺少一项扣2分，扣完为止	
	样板修剪	10分		纸样修剪圆顺流畅。不圆顺、不流畅每处扣2分	
总分		100分			

任务三 修身四扣马甲工艺设计

1. 工艺流程设计

修身四扣马甲工艺流程如下：验片→烫衬→做襻→收后省、装襻→缝合后中缝→缝合前省→开袋→黏牵条→缝合侧缝→缝合挂面与前片夹里→缝合后龟背与后片夹里→缝合后片夹里中缝→缝合前、后夹里侧缝→缝合夹里与下摆贴边→缝合衣身与夹里→缝合肩缝→锁眼、钉扣→整理→整烫。

2. 工艺制作分解

（1）验片

① 面料：前衣片 2 片、后衣片 2 片、挂面 2 片、后龟背 2 片、上手巾袋牙 1 片、下袋嵌条 2 片、手巾袋垫 1 片、下袋垫 2 片、后襻 4 片、下摆贴边 2 片、下袋盖 2 片。共 22 片。

② 里料：前衣片 2 片、后衣片 2 片、下手巾袋布 4 片、上手巾袋布 2 片。共 10 片。

③ 衬料：有纺衬，前衣片、挂面、下摆贴边和后龟背烫全衬，其他部位进行熨烫。手巾袋牙、后襻可以用薄的无纺衬。

（2）烫衬

用熨斗或烫衬机把所要贴衬的部位按要求烫煞，大身有纺衬配置和排料图（图5-9）。

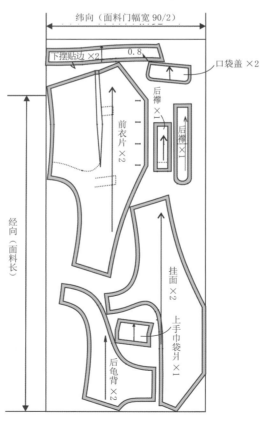

图5-9 烫衬（单位：cm）

（3）做襻（图5-10）

　　正面与正面相叠，留开口一处，其余三边缉缝1cm宽，然后修剪缝份成0.5cm宽，翻出并压缉0.3cm宽，注意止口不要外吐。定扣如图5-10-④所示。

（4）收后省、装襻（图5-11）

　　按图示部位剪开，在襻位处装入腰料，按省位缉缝，然后将省缝分开烫平，在正面缉线0.1cm。

（5）缝合后中缝（图5-12）

　　后片正面与正面相叠缉缝1cm，然后分缝烫平。按照对位标记固定后襻。

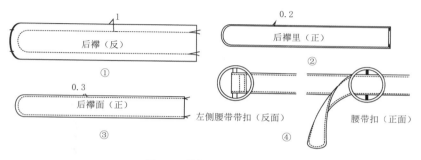

图5-10 做襻 （单位：cm）

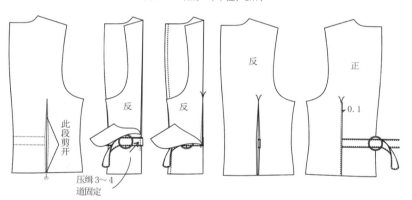

图5-11 收后省、装襻 （单位：cm）

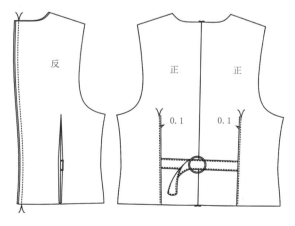

图5-12 缝合后中缝 （单位：cm）

（6）缝合前省（图5-13）

按照省位线缉缝，省尖处留4cm~5cm宽线头打结，然后沿省中线剪开，剪至离省尖4cm宽处，再将缝份分缝烫平。

（7）开袋

马甲手巾袋开袋参考西服手巾袋开袋方法（图6-24~图6-31）。口袋做好后用手针将大小口袋布绷缝固定，但绷线要松，也可用黏合衬将袋布与前衣片粘牢。

（8）粘牵条（图5-14）

从肩线向下1cm处开始，距离净线0.2cm处粘牵条，一直到摆缝为止。牵条在领口和前下摆处部位要稍拉紧一些。直线部位粘直丝牵条，弧线部位粘斜丝牵条。

（9）缝合侧缝（图5-15）

后衣片在下，前衣片在上，正面与正面相叠，缉缝1cm宽，然后分缝烫平。

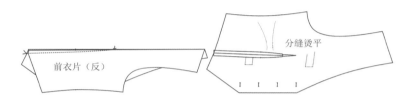

图5-13 缝合前省

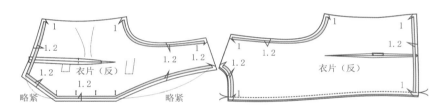

图5-14 粘牵条 （单位：cm）

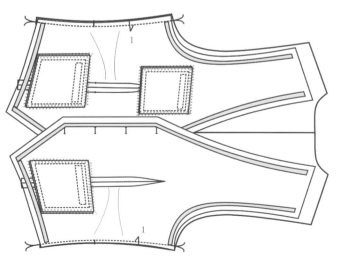

图5-15 缝合侧缝 （单位：cm）

（10）缝合挂面与前片夹里（图5-16）

挂面在下，前片夹里在上，正面与正面相叠，对准刀眼缉缝1cm宽，然后将缝份倒向夹里烫平，倒缝熨烫时要藏缝0.2cm宽。

（11）缝合后龟背与后片夹里（图5-17）

龟背在下，后片夹里在上，正面与正面相叠，对准刀眼缉缝1cm宽，然后将缝份倒向夹里烫平。倒缝熨烫时要藏缝0.2cm宽。

（12）缝合后片夹里中缝（图5-18）

后片夹里正面与正面相叠，对准刀眼缉缝1cm宽，然后将缝份倒向左侧烫平。倒缝熨烫时要藏缝0.2cm宽。

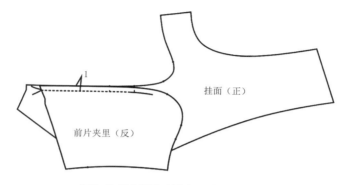

图5-16 缝合挂面与前片夹里 （单位：cm）

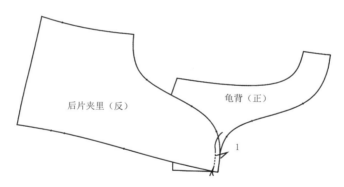

图5-17 缝合后龟背与后片夹里 （单位：cm）

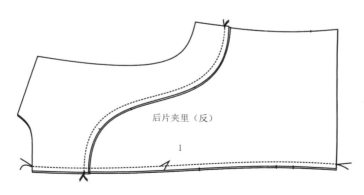

图5-18 缝合后片夹里中缝 （单位：cm）

项目五 修身四扣马甲制版与工艺

（13）缝合前、后夹里侧缝

缝合前、后侧缝，手需向前推松，使上、下两格布的松紧一致，且缉线顺直、平服。缝合后将侧缝缝份倒向后片烫平整。

（14）缝合夹里与下摆贴边（图5-19）

先拼接好下摆贴边并分缝烫开。衣片夹里在下，贴边在上，正面与正面相叠，从后中心线处开始缉缝1cm宽。注意刀眼对准，吃势均匀，

转角处打剪口。缉缝后缝份朝夹里方向烫倒。

（15）缝合衣身与夹里（图5-20）

夹里在上，衣身在下，正面与正面相叠，挂面处肩缝按净缝扣烫好，首先从左肩领点开始缉缝至右肩领点，然后缉缝袖窿。缉缝完成后，熨烫平整，修剪缝份成0.5cm宽，从肩缝翻出到衣身正面，烫平止口，注意衣身正面不能露出止口。

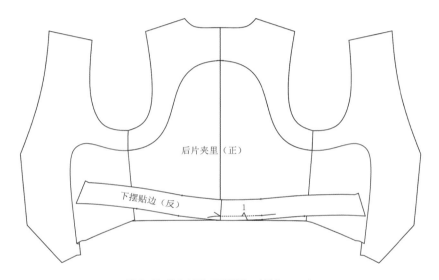

图5-19 缝合夹里与下摆贴边 （单位：cm）

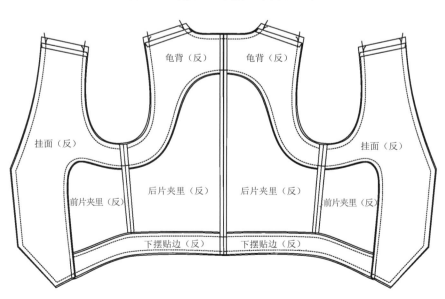

图5-20 缝合衣身与夹里

时尚男装制版与工艺

（16）缝合肩缝（图5-21）

衣身正面与正面相叠，缝份对准，缉缝1cm宽，分缝烫开，将缝份塞进肩缝中间层，在夹里正面用手工缲牢。

（17）锁眼、钉扣

① 锁扣眼：使用本色线用平头锁眼机在衣服右前身的预设位置锁扣眼，锁成圆头扣眼。

② 钉扣：用本色线按照钉扣针法在马甲左前身的预定位置反复钉4~5次扣子，并要绕脚2~3圈。一般线柱的长度等于止口的厚度，以使左右襟扣合后平服。里襟钉扣的反面也可以

加小垫扣以增加牢度。

（18）整理

将衣服上所有部位的线头清剪干净。

（19）整烫

缝份的位置，可以先用熨斗把马甲表面轻轻地全部烫一遍。不好熨烫的部位使用布馒头或其他工具进行熨烫，在烫的过程中要注意不要破坏了成衣整体效果。注意：在衣服的正面要垫烫布，避免起极光，蒸汽熨烫应烫干定型。

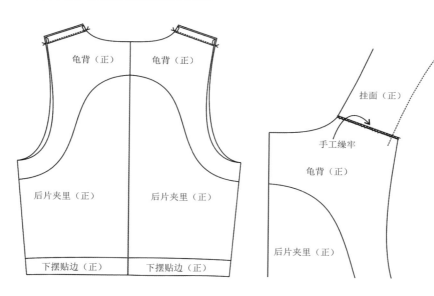

图5-21 缝合肩缝

Q&A：

3. 检查与评价

请对照表 5-4 修身四扣马甲任务评价参考标准进行自查自评。

表 5-4 修身四扣马甲任务评价参考标准

评价内容		权重	计分	考核点	备注
操作规范与职业素养（15分）		5分		纪律：服从安排、不迟到等。迟到或早退一次扣 0.5 分，旷课一次扣 1 分，未按要求值日一次扣 1 分	出现人伤械损等较大事故，成绩记 0 分
		4分		安全生产：按规程操作等。人离未关机一次扣 1 分	
		3分		清洁：场地清扫等。未清扫场地扣 1 分	
		3分		职业规范：工具摆放符合 "6S" 要求	
样衣缝制（85分）	裁剪质量	20分		裁片与零部件图片一致；各部位的尺寸规格符合要求，裁片修剪直线顺直、弧线圆顺。发现尺寸不合理、线条不圆顺一处扣 2 分，扣完为止	样衣经检查为次品的该项最高 记 24 分，经检查为废品的该项记 0 分
	缝制质量	50分		缝份均匀，缝制平服；线迹均匀，松紧适宜；成品无线头。口袋左右对称，袋角方正。缝制质量不合格一处扣 5 分，扣完为止	
	熨烫质量	15分		成品无烫黄、污渍、残破现象。每处错误扣 3 分，扣完为止	
总分		100分			

时尚男装制版与工艺

本章小结：

1. 此款前后片用料可根据西服背心的用料要求，前片面料的选用与西服一致，后片面料的选用与西服里料一致，也可前后片选用同一种面料。

2. 此款为修身四粒扣的背心结构，采用四开身造型结构处理，注意后背长要长于前腰节长。

3. 此款前片粘烫有纺衬布，从肩部翻出，采用暗缲针法手工封口。

学习思考：

1. 马甲结构造型要注意哪些环节？请结合你的任务实践，谈谈你的体会与收获。

2. 马甲工艺在进行牵条时要注意哪些要求？

3. 仔细分析图5-22马甲款式，请设计好该款的生产通知单，制作样衣工业样板（含面料样板、里料样板、衬料样板、辅料样板、工艺样板），完成工艺流程设计和样衣制作。

图5-22 马甲

商务休闲西服制版与工艺

项目描述：

按照某公司提供的商务休闲西服生产通知单（表6-1），对照170/88A的号型设计的成品规格尺寸，分析款式造型、面料特性、工艺要求等，进行结构造型分析和样板制作。然后按照单量单裁的要求进行面、辅料配置，设计样衣工艺流程并完成样衣制作。

学习重点： 结构造型分析和样板制作，缝角处理、核版和对版，西服工艺流程设计，样衣工艺制作。

学习难点： 结合面料的性能和工艺要求进行结构造型分析；合理选择并组织现有设备，进行西服工艺流程设计；敷牵条与归、推、拔工艺处理。

学习目标：

能读懂商务休闲西服生产通知单的各项要求，选择合适的制版与工艺方法。

能根据款式图，结合面料的性能和工艺要求进行结构造型分析和样板制作。

能针对不同的样板进行缝角处理、核版和对版。

能根据单量单裁的要求，进行面、辅料排料。

能合理选择并组织现有设备，进行商务休闲西服工艺流程设计。

能合理使用现有设备，进行商务休闲西服工艺制作。

能正确进行样衣后整理。

能进行安全、文明、卫生作业。

表6-1 商务休闲西服生产通知单

款号:	客户: BSR		款式名称: 商务休闲西服	季节: 秋季	单位: cm
制单号:	纸样号:		组别:	面料: 纯羊毛精纺面料	里料: 美丽绸

部位	尺寸（单位: cm）			
	165/84A	170/88A	175/92A	
后背长	41.5	42.5	43.5	
后中长	71	73	75	
胸围	100	104	108	
肩宽	43.8	45	46.2	
袖长	58	59	60	
袖口	28.5	29	30.5	
颈椎点高	142	146	150	

裁剪要求	商标要求	工艺要求
规格尺寸: 在允许的公差范围内。 样板: 面、辅料齐全，无缺损； 缩水: 裁剪前，面、辅料采取恰当的方法进行缩水处理。 色差: 裁剪前观察面料色差、色条，破损量控制在允许的公差范围内。 纱向: 纱向顺直，偏差量控制在允许的公差范围内。 裁剪: 进出刀符合要求，裁片准确，两层相符，刀口深0.5cm	主唛: 配色车线车两边于后领正中，不要过底车，需回针牢固。 尺码唛: 吊车于夹里左侧袋口。 成分唛: 吊车于夹里左侧袋口	机针: 14号。 针距: 3cm，共13针。 烫衬: 前衣片、侧片上部、侧片开衩底摆、后背上部、后衣片开衩底摆、大袖袖口、小袖袖口、下袋盖均粘浅灰褐色衬。粘衬须牢固不起泡，大货不洗，水布面严禁粘有残余衬渍。 前身: 胸部造型饱满，大身平挺，止口顺直，不搅不翘，吸腰平服。 后身: 后背方登，肩缝顺直，肩头平整。 衣袖: 绱袖圆顺，无起涟、吊紧现象。 领子: 领头窝服，装领平服，不歪斜，领角长短一致。 口袋: 规格准确，左右对称，袋角圆顺、方正，袋盖与袋兜吻合。 整烫: 熨烫平服、整洁，无烫黄、烫焦、水渍和亮光。 锁眼: 锁圆头扣眼。门襟2个，开眼净长25mm；袖口衩左右各四个，开眼净长10mm

工艺编制:	编制日期:	工艺审核:	审核日期:

任务一 商务休闲西服结构设计

1. 结构造型分析

西服又称"洋装",是一种舶来品。其结构源于从北欧南下的日耳曼民族服装,针对人体活动和体形等特点进行结构的组合分离,形成了以打褶(省)、分片、分体的造型设计方法,使得服装整体挺括、线条流畅、穿着舒适,若配装领带或者领结后,更显典朴高雅。如果穿同一面料成套搭配的上衣、背心和裤子,即所谓的三件套装。西服着装一般是在最下面的一粒扣子可以不扣,如果只有一粒扣,不扣扣子也不失礼。由于西服在造型上延续了男士礼服的基本形式,属于日常服中的正统装束,成为世界指导性服装,即国际服。

① 衣身结构:西服的基本结构是属于三开身,这种三开身的结构比较符合男性的体型。

② 胸围:西服的胸围加放量一般在10cm~20cm。夏季穿用西服,比较贴体,胸围加放量在10cm~14cm;春秋季穿用西服,胸围加放量在14cm~18cm,以方便内穿一件薄毛衫;冬季穿用西服,胸围加放量在18cm~22cm,以方便内穿两件薄毛衫。

③ 后中长:西服的衣长比较固定,为了测量方便、准确,按照颈椎点高的方法来确定既简单又合理准确,也能弥补上、下身高比例不协调因素。故西服衣长可以按照颈椎点高/2的比例确定,即146/2=73cm。

④ 肩宽:西服肩宽按自然的肩宽作出,其肩宽按照款式要求加放量1.5cm~3cm。

⑤ 腰围:西服的腰围加放量一般与胸围加放量相近,其胸腰之差即衣身省量大小。差量大小要参照款式而定,一般而言合体型西服较之休闲类西服差量大。

⑥ 袖窿深:按照$B/6+9cm$确定袖窿深。袖窿深的大小也要参照当时的流行趋势。

⑦ 袖长:西服传统着装要求衬衫袖头露出2cm左右在外面,可以有效避免西服袖口与手腕的接触与摩擦,以保护西服的袖口。但国人不是很习惯这种着装方式,故在确定袖长的时候可以适当加量,使之与衣袖长度相当。

⑧ 袖山高:西服袖是以装饰性为主,其袖山高的确定方法为$AH/3+0.7\sim1cm$。

2. 样衣结构制图

(1)前、后衣片框架图(图6-1)

① 后领:按$B/12+0.5$ cm尺寸确定后横开领。后领深为定数2.5 cm。

② 前胸宽:取$B/6+1.5$ cm。

③ 前冲肩量:定数4cm。

④ 搭门宽:取2cm。

⑤ 前、后肩线:前、后肩斜分别按照15:6、15:5斜度确定,并按照$S/2$确定后肩宽,量出后小肩宽,前小肩宽为后小肩宽-0.7 cm。

⑥ 胸围:按照$B/2+3.3cm$(省量)尺寸画出,其中3.3cm为省量,前衣片腋下省1.5cm宽,后衣片腋下省0.8cm宽,后中腰省1cm宽。

⑦ 衣长:为后中长,腰下30.5 cm处。

⑧ 袖窿深:按$B/6+9$ cm尺寸计算。

⑨ 背宽横线:按照袖窿深的1/2画出。背宽$B/6+2.5$ cm。

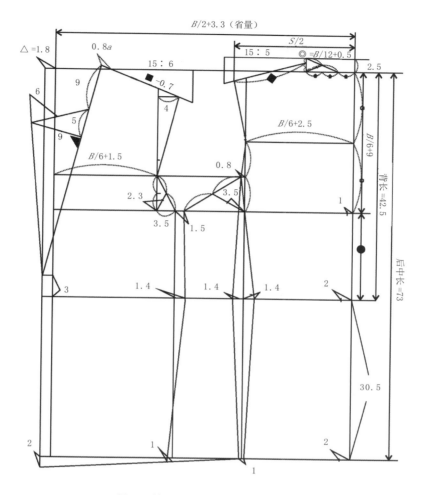

图 6-1 前、后衣片框架图 （单位：cm）

（2）前、后衣片轮廓图（图6-2）

① 后中缝线：腰部与底边各收 2cm 宽，腰节线以上至背宽横线用弧线画顺。

② 后衣片侧缝：按照背宽线定出，在腰部收 1.4 cm 宽，下摆处收 0.5 cm 宽，弧线画顺。

③ 侧片后侧缝：按腋下片袖窿宽的量按图画出。在腰部收 1.4 cm 宽，下摆处收 0.5 cm 宽，弧线画顺。

④ 侧片前侧缝：按前衣片腋下距前胸宽 5 cm 处按图画出。在腰部收 1.4 cm 宽，下摆处放出 1cm 宽弧线画顺。

⑤ 扣位：第一粒扣，在腰线量上 1.5cm 处。第二粒扣，在第一粒扣量下 10.5cm 处。

⑥ 大袋位：大袋与最下一粒扣平齐，按前省偏中心线 1.5cm 处定位，袋盖宽 $B/10+5cm$。

（3）前片口袋纸样设计（图6-3）

① 手巾袋：在袖窿线上画出，距胸宽线 2.5cm 处定出，手巾袋兜长 $B/10cm$，靠袖窿侧起翘 1cm，袋宽 2.5cm。

② 大袋：袋口与底摆平行，袋盖高 5.5cm。

③ 手巾袋布：以手巾袋位两边各偏出 2cm 设宽，以手巾袋位下口线量 10cm 设长，上口以袋口往上量 15cm 长。

④ 大袋布：以袋盖宽两边各偏出 2cm 设宽，袋布距离底边 5cm，上口以袋盖位往上量 1.5cm 长。

（4）前挂面与后龟背纸样设计（图6-4）

① 前挂面：底摆处量取 8cm，挂面上方在前小肩处偏进 4cm，中部在前腋下 4cm 处取宽 4cm，弧线连接画顺。

② 后龟背：后中缝处取后领至胸围线的一半，中部取腋下 4cm 尺寸，弧线连接画顺。

（5）挂面口袋纸样设计（图6-5）

内袋：在挂面中部耳朵片宽 4cm 的 1/2 处画出袖窿深线的平行线，右与前胸宽线齐，向前量取 0.13Bcm，口袋宽 1cm。

（6）领片纸样设计（图6-6）

领片：设领座高 a=2.5，翻领高 b=4，绘图方法如图 6-6 所示。

（7）领面、领底绒配置（图6-7）

① 定出小肩延长线向下偏移 0.6cm 处。

② 小肩延长线至左分成二等份，各收 0.2cm 宽。

③ 小肩延长线至后领中分成三等份，左边的第一等份收 0.2cm 宽。

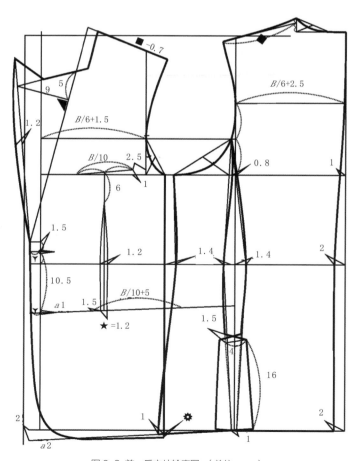

图6-2 前、后衣片轮廓图 （单位：cm）

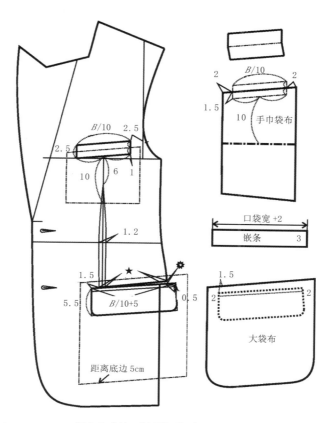

图6-3 前片口袋纸样设计 （单位: cm）

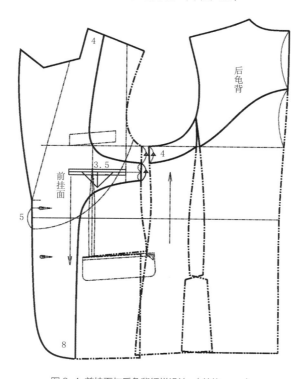

图6-4 前挂面与后龟背纸样设计 （单位: cm）

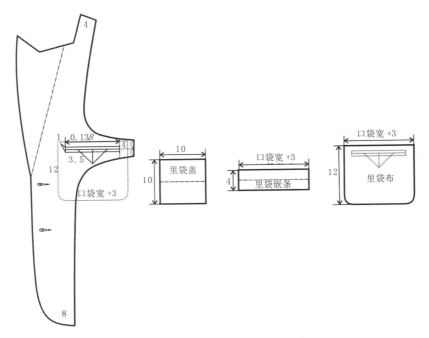

图 6-5 挂面口袋纸样设计 （单位：cm）

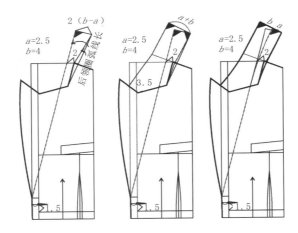

图 6-6 领片纸样设计 （单位：cm）

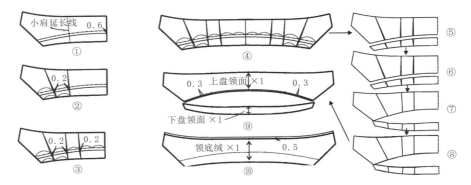

图 6-7 领面、领底绒配置 （单位：cm）

（8）袖片框架图（图6-8）

① 将前后袖窿弧线取出，以前袖窿弧线为基准，合并前、后腋下省弧线画顺，延长前袖窿深线为袖山高线，以*O*点为基准作袖山高线垂线。

② 袖山高：按*AH*/3+0.5cm作出。

③ 前绱袖对位点：在袖窿深线上量袖窿深的1/8cm为对焦点尺寸。

④ 小袖片袖山高：按袖山高的2/3尺寸处定出。

⑤ 袖宽斜线：由前绱袖对位点量至小袖片

袖山高，长按*AH*/2- 3.5cm 处定出。

⑥ 袖山高点：按袖肥的1/2尺寸处，向前偏移1cm。

（9）袖片轮廓图（图6-9）

① 袖口开衩：外长11cm，内长12cm。

② 小袖片：前袖肥处大袖向小袖借量2cm，后袖肥处小袖偏进1.5cm。小袖高处偏进2.5cm，后袖肘线处偏进2.5cm，弧线画顺。

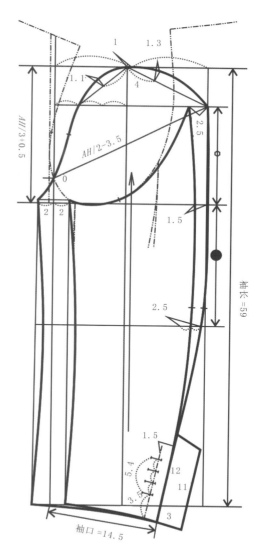

图 6-8 袖片框架图 （单位：cm）　　　　图 6-9 袖片轮廓图 （单位：cm）

3. 检查与评价

请对照表 6-2 商务休闲西服结构设计任务评价参考标准进行自查自评。

表 6-2 商务休闲西服结构设计任务评价参考标准

评价内容		权重	计分	考核点	备注
操作规范与职业素养（15分）		5分		纪律：服从安排、不迟到等。迟到或早退一次扣0.5分，旷课一次扣1分，未按要求值日一次扣1分	出现人伤械损等较大事故，成绩记0分
		4分		清洁：场地清扫等。未清扫场地一次扣1分	
		3分		事先做好准备工作、工作不超时	
		3分		职业规范：工具摆放符合"6S"要求	
样衣生产通知单（30分）	款式图	4分		正、背面款式图比例造型准确，工艺结构准确；款式图轮廓线与内部结构线区分明显，明线表达清晰；装饰及辅配件绘制清晰。每处错误扣1分，扣完为止	样衣生产通知单包含的五个内容齐全，不漏项。每处错误、交代不清楚或者漏项扣2分，扣完为止
	规格尺寸	6分		成品规格尺寸表主要部位不缺项，规格含国标165/84A、170/88A、175/92A 三个系列规格	
	裁剪要求	6分		裁剪方法交代清楚	
	商标要求	4分		商标要求交代清楚	
	工艺要求	10分		针距、缝份、用线等主要缝制要求及方法明确	
样衣结构设计（55分）	与款式图吻合	15分		结构制图与款式图不一致扣15分	制图规范，各部位尺寸设计合理。每错一个部位扣5分，扣完为止
	尺寸比例协调	15分		服装局部尺寸设计不合理，每处扣5分，扣完为止	
	线条粗细区分	10分		各辅助线与轮廓线粗细要求区分明显。每处错误扣1分，扣完为止	
	线条流畅	10分		服装制图线条不流畅、潦草。每处错误扣1分，扣完为止	
	标识	5分		各部位标识清晰，不与制图线混淆。无标识每处扣0.5分	
总分		100分			

任务二 商务休闲西服放缝与排料

1. 面料样板制作（图 6-10）

① 放缝说明：放缝要考虑面料的厚度，厚料要多放，薄料少放。前衣片门襟、后背放缝 1.3cm 宽，挂面驳头部分放缝 1.5cm 宽，上盘领、下盘领拼合处放缝 0.6cm 宽，衣片底摆、袖片底摆放缝 4cm 宽，其余放缝为 1cm 宽。

② 缝角处理：前、后衣片侧缝、大、小袖

片内外侧缝均需进行直角放缝，大袖衩下角做留缝 0.6cm 宽折叠处理。衣片下摆、袖片下摆要对折处理放缝。

③ 排料说明：该排料为单量单裁排料，不适合工业排料。排料时首先将面料两织边对齐，面向自己，铺平面料，注意上下层的松紧，面料的经纬纱向要求顺直，画样裁剪。

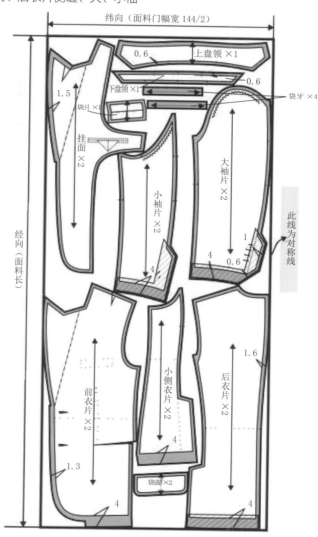

图 6-10 面料样板制作 （单位：cm）

2. 里料样板制作（图6-11）

① 放缝说明：衣片夹里在前衣片中（净样）取出，将挂面（净样）部分去掉，剩余部分为前衣片夹里（净样），在前上片里料中加入2.5cm宽的松量。后中片放1.5cm宽的松量，大、小袖前侧缝上口处放缝3cm宽，大袖袖中对位点

处放缝1.6cm宽，袋盖四周各放缝1cm宽，其余放缝为1.2cm宽。

② 缝角处理：前、后衣片侧缝、大小袖片内外侧缝均需进行直角放缝，衣片下摆、袖片下摆要对折处理放缝。

③ 排料说明：与面料样板排料要求相同。

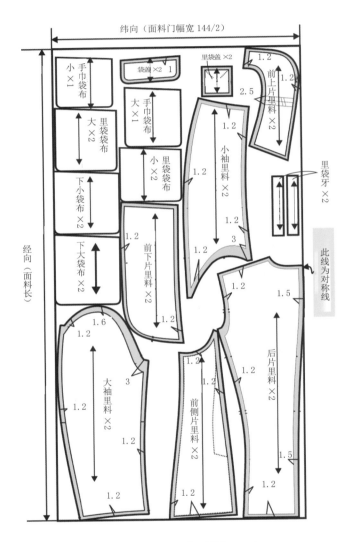

图6-11 里料样板制作 （单位：cm）

Q&A：

3. 衬料样板制作（图6-12）

① 大身有纺衬：前衣片除底摆外其余放缝0.8cm宽；衣片底摆、袖片底摆放缝3.8cm宽，袋盖按照净样板四周偏进0.2cm宽，确定衬料样板。

② 小侧片：腋下黏4cm宽有纺衬，下袋

口位和侧片摆衩处粘衬。

③ 后衣片：后领中心线量下8cm宽至袖窿深线量下4cm宽，弧线画顺，其余缝边处均放缝0.8cm，摆衩与底边处粘衬。

④ 袖片：大、小袖片袖衩与贴边粘衬。

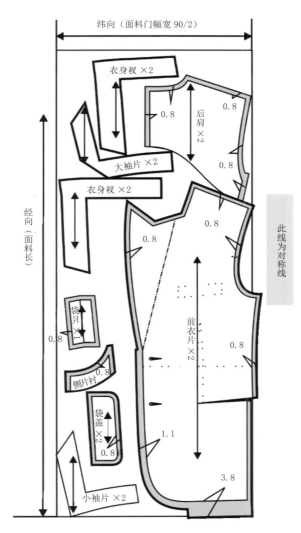

图6-12 衬料样板制作 （单位：cm）

Q&A：

⑤ 胸衬：

A. 配置大身毛衬：腋下 6cm 处定点，门襟驳折点往下量 5cm 定点画顺，颈肩点往袖窿量 6cm 定省，腰省处往侧缝 2cm 处收省，边缘处各收 1.5cm 宽（图 6-13- ①）。

B. 省道垫布：制作上口 4cm 宽，下口 3cm 宽，高为 8cm 的梯形垫布（图 6-13- ②）。

C. 增衬：肩省处增衬为长 8cm，宽 6cm（图 6-13- ③）。

D. 放置增衬：肩省处剪开拉开 1.5cm 的省量，距离肩 3cm，领口于偏进 2cm 处放置增衬（图 6-13- ④）。

E. 配置加强衬：肩与袖窿缩进 4cm 宽，驳折线偏出 1.5cm 宽，下口以驳折点至胸围线画顺（图 6-13- ⑤）。

F. 配置胸绒衬：驳折线上口偏进 2cm，下口偏进 2.5cm，肩线领口抬高 1.5cm。肩端点处抬高 1cm，缩进 2.5cm，袖窿低落 4cm，偏进 2.5cm，下口抬高 1.5cm，画顺（图 6-13- ⑥）。

⑥ 弹袖棉：合并大小袖片，在大袖袖中标识点处张开 30°，依图画出（图 6-14）。

⑦ 工艺样板：工艺样板设计见图 6-15。

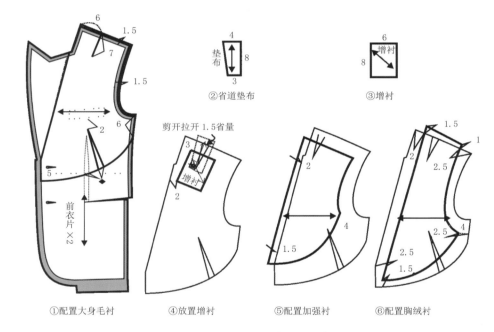

①配置大身毛衬　　④放置增衬　　⑤配置加强衬　　⑥配置胸绒衬

②省道垫布　　③增衬

图 6-13 胸衬纸样设计 （单位：cm）

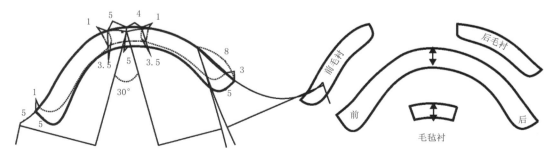

图 6-14 弹袖棉纸样设计 （单位：cm）

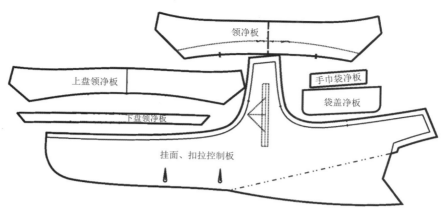

图 6-15 工艺样板设计

4. 检查与评价

请对照表 6-3 商务休闲西服放缝与排料任务评价参考标准进行自查自评。

表 6-3　商务休闲西服放缝与排料任务评价参考标准

评价内容		权重	计分	考核点	备注
操作规范与职业素养（15 分）		5 分		纪律：服从安排、不迟到等。迟到或早退一次扣 0.5 分，旷课一次扣 2 分，未按要求值日一次扣 1 分	出现人伤械损等较大事故，成绩记 0 分
		4 分		安全生产：安全使用剪刀，按规程操作等。不按规程操作一次扣 1 分	
		4 分		清洁：场地清扫等。不清扫场地一次扣 1 分	
		2 分		职业规范：工具摆放符合"6S"要求	
样衣样板（85 分）	规格尺寸	15 分		样板纸样设计合理，纸样各部位尺寸符合要求。每个部位尺寸超过误差尺寸扣 2 分，扣完为止	裁剪纸样、工艺纸样齐全。缺少一个纸样扣 10 分，扣完为止
	样板吻合	15 分		样板拼合长短一致。每出现一处错误扣 2 分，扣完为止	
		15 分		两片或两部件拼合，有吃势，应标明吃势量，并做好对位剪口标记。缺少一项扣 3 分，扣完为止	
	缝份加放	15 分		各部位缝份、折边量准确，符合工艺要求。每处错误扣 2 分，扣完为止	
	必要标记	15 分		对位剪口标记、纱向线、钻孔、纸样名称及裁片数量等标注齐全。缺少一项扣 2 分，扣完为止	
	样板修剪	10 分		纸样修剪圆顺流畅。不圆顺、不流畅每处扣 2 分，扣完为止	
总分		100 分			

任务三　商务休闲西服工艺设计

1. 工艺流程设计

商务休闲西服工艺流程有：验片→烫衬→打线丁→收腰省→合前侧缝、敷袖窿牵条→归拔前身→开手巾袋→开大袋→做胸衬→敷胸衬→烫止口牵条→开内袋→复挂面→翻烫止口、缲止口→固定挂面→拼合挂面与前衣片里料→缝合后衣片及归拔后衣片→开侧缝衩→缝合前后侧缝、做底边→缝合肩缝→做领→装领→做袖→绱袖→锁眼、钉扣→整理→整烫。

2. 工艺制作分解

（1）验片

① 面料：前衣片 2 片、小侧片 2 片、后衣片 2 片、挂面 2 片、大袖片 2 片、小袖片 2 片、大袋盖面 2 片、袋嵌条 4 片、手巾袋牙 1 片、手巾袋垫布 1 片、上盘领 1 片、下盘领 1 片。共 22 片。

② 里料：前上片 2 片、前下片 2 片、前侧片 2 片、后衣片 2 片、内袋盖布 2 片、下袋布 4 片、大袋盖里 2 片，手巾袋布 2 片、内袋嵌条布 4 片、内袋布 4 片、大袖片 2 片、小袖片 2 片。共 30 片。

③ 衬料：有纺衬，前衣片烫全衬等，其他部位按照图 6-12 进行配置。认真检查裁衣片和部件是否配齐，不能遗漏。

（2）烫衬

按照配衬图（图 6-16），用烫衬机或熨斗按要求把所要粘衬的部位熨烫煞，注意熨烫要平整、不起泡、不起褶、不缩放。

（3）打线丁（图 6-17）

① 后衣片：后袖窿绱袖对档位、背缝线、腰节线、底边线、摆衩、领围、肩线等。

② 前衣片：腰节线、胸省线、大袋位、底边线、圆头止口线、叠门线、扣眼位、缺嘴线、手巾袋位、前袖窿绱袖对档位、驳口线。

③ 侧片：腰节线、底边线、袖窿线、摆衩。

④ 大、小袖片：袖口线、袖衩线、偏袖线、袖肘线、袖山对档。

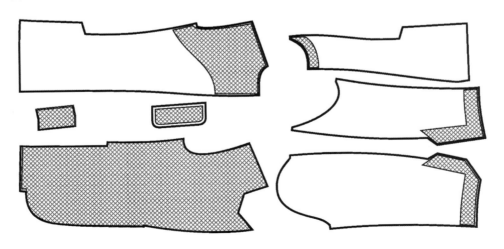

图 6-16 烫衬

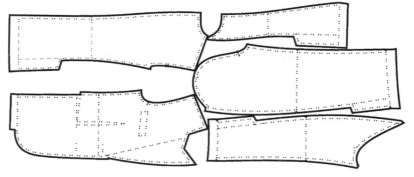

图 6-17 打线丁

（4）收腰省（图6-18）

① 剪胸腰省：肚省部位依照线丁标识，剪开大袋口位置，然后把胸腰省剪至离省尖4cm~5cm 处。

② 缉烫胸腰省：在距离省尖 4cm~5cm 处垫一块本色布（也可以不垫），缉线时上下不能走位，省尖要缉尖。缉完后再在布馒头上把省烫开，省尖处有垫布只要把省和垫布分烫开就可以了。省要烫圆、烫平。然后把肚省用手针或薄衬拼合。

（5）缝合侧缝、敷袖窿牵条

① 缝合侧缝（图6-19）：将前衣片与前侧片正面相叠，前衣片在下，按照线丁要求对位缉缝。腰节至袖窿下 10cm 处前衣片略收缩 0.3cm，用以满足丰满的胸部造型。缉缝后将缝份分开烫煞，并在大袋位处黏薄衬。

② 敷袖窿牵条（图6-20）：为了防止袖窿斜丝部位因拉变形，用 1.5cm 宽的斜丝牵条，或将斜丝里布在前肩点下 3cm 的地方开始沿袖窿半个缝份内缉缝一周，然后用熨斗烫平整。注意：不能拉得过紧，以防止起皱。

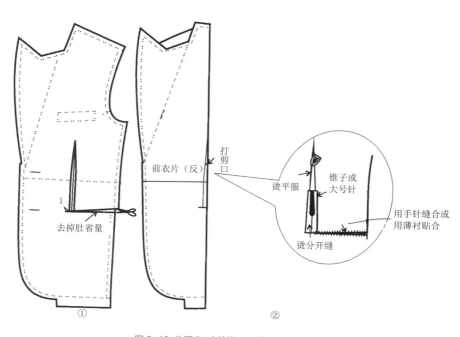

图 6-18 收腰省 （单位：cm）

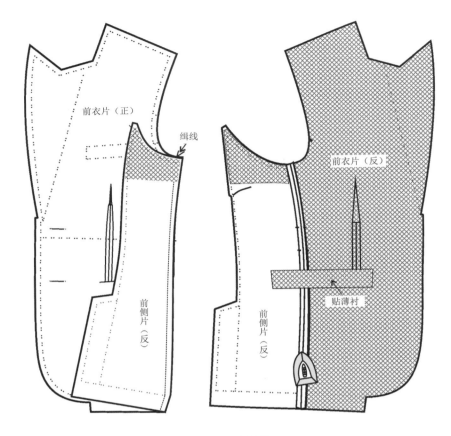

图 6-19 缝合侧缝

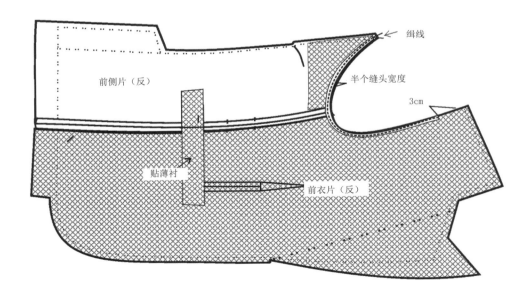

图 6-20 敷袖窿牵条

（6）归拔前身

① 归拔前衣片（图6-21）：首先归门襟格，止口靠近身边（里襟格则相反），将止口直丝推弹0.6cm～0.8cm。熨斗从腰节处向止口方向顺势拔出，然后顺门襟止口向底边方向伸长。要求将止口腰节处丝绺推弹烫平、烫挺。最后熨斗反手向上，在胸围线归烫驳口线，丝绺向胸省尖处推归、推平。

② 归烫袖窿与侧缝（图6-22）：归烫袖窿处及中腰，把胸省位到肋省位的腰吸回，归到腋省至胸省的1/2处。将胸高处胖势反复熨烫，使胸部横直丝绺顺绺直，胖势匀称。熨烫时一定要归平、归煞，以防回缩。

③ 熨烫袖窿时要注意：第一，袖窿处直丝要向胸部推弹0.3cm或0.5cm；第二，袖窿处直、横丝绺要回直，横丝可以略向上抬高，归烫时熨斗应由袖窿推向胸部，并在袖窿处净缝外粘一条0.6cm宽的直料黏合牵条。

④ 归烫底边、大袋口及肩缝（图6-23）：把底边弧线归直、归顺，胖势向上推向人体的腹部处。大袋口的横丝归直，反复归烫，直到烫匀。

⑤ 略微归烫腋下省，然后将腋下省后侧多余的量回势归烫。将上摆横丝抹平熨烫，摆缝腰节处回势归烫。要求摆缝处丝绺顺直，腹部胖势匀称。

⑥ 归拔肩头部位（将衣片肩部靠近身体，把腰节线折起，肩胛部位横直丝绺放直），用熨斗将肩头横丝向下推弹，使肩缝呈现凹势，将胖势推向胸部。熨斗由袖窿处向外肩点顺势拔出，使外肩点横丝略微向上翘，使肩缝产生0.8cm或1cm的回势。

⑦ 拔烫前横开领，向外肩方向抹大0.6cm左右，同时把横领口斜丝略归。

从以上的归拔工艺手法可以看出衣片的归拔主要围绕胸部和腹部两个中心进行，归拔可以使以线条造型的衣片成为满足人体立体造型的衣片。衣片经过归拔之后，要求左右两边对称，平放之后，丝绺顺直、平服，腰吸回势、肩胛回势及胸部胖势均匀。衣片经归拔之后，必须冷却。

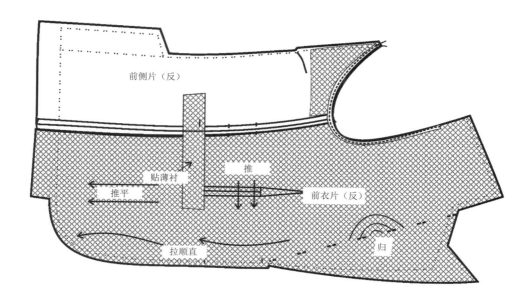

图6-21 归拔前衣片

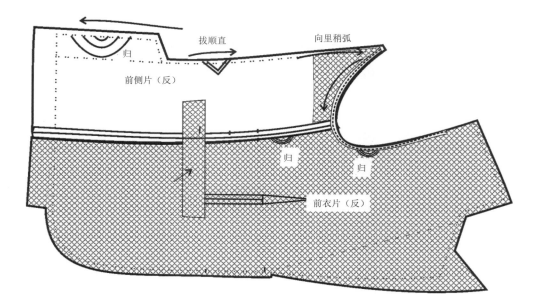

图 6-22 归烫袖窿与侧缝

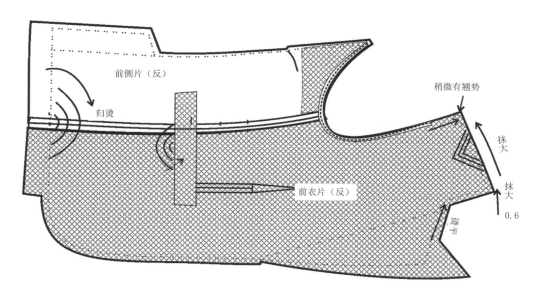

图 6-23 归烫底边、大袋口及肩缝 （单位：cm）

Q&A：

（7）开手巾袋

① 定手巾袋位（图6-24）：按照线丁位置画好手巾袋位，注意手巾袋丝缕要和衣片一致。

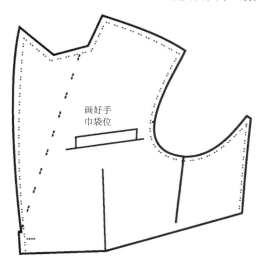

图6-24 定手巾袋位

② 准备袋布（图6-25）：准备手巾袋爿、袋垫布和袋布。

③ 修剪手巾袋（图6-26）：在手巾袋爿的反面按净样烫衬。为了使手巾袋后薄而平服，要按照图示进行修剪。

④ 折烫手巾袋上口（图6-27）：在手巾袋的反面两端按净样衬布扣烫，并把手巾袋爿的上口边折烫出印痕。

⑤ 缝合袋布（图6-28）：将手巾袋爿和A袋布缝合，袋垫布和B袋布缝合。手巾袋爿与衣片正面相叠放平整，在手巾袋爿净样线上（离衬0.1cm）缉线，起、止针要来回缝三道。袋垫布的两端缉线起点分别从手巾袋爿缉线端点偏进0.3cm，两缉线的距离要比手巾袋口宽窄0.5cm～0.6cm。

⑥ 分缝熨烫（图6-29）：从缝线中间将口袋和衣片剪开，两端成"Y"字形。在开口前可以去掉袋两端的三角，并将缝份向反面扣烫。

⑦ 封手巾袋角（图6-30）：将手巾袋盖两端向内折转扣烫后，用手针缲缝。封手巾袋的两端角，为了正面不露线迹一般用手针缲缝，也可以用车缝。注意两端的三角一定要放平并被手巾袋盖遮住。

⑧ 缉合袋布（图6-31）：将手巾袋布在左前衣片反面相叠放平整，三边缉门字形针。

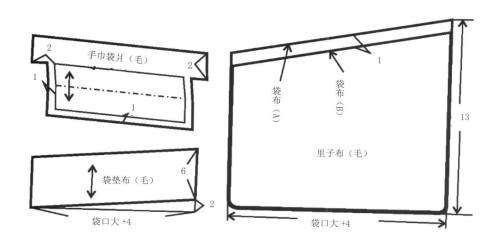

图6-25 准备袋布（单位：cm）

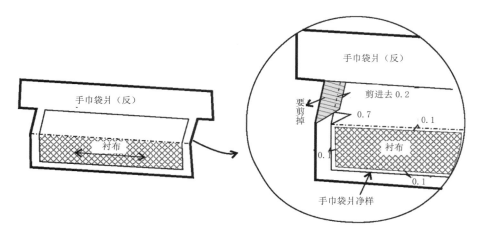

图 6-26 修剪手巾袋 （单位：cm）

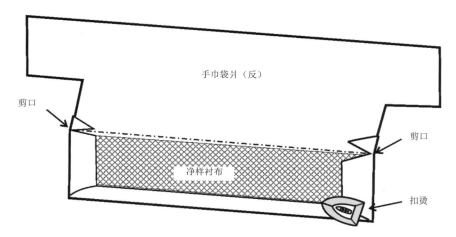

图 6-27 折烫手巾袋上口

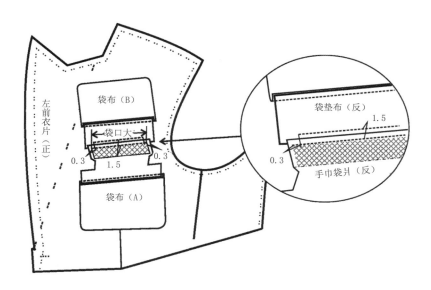

图 6-28 缝合袋布 （单位：cm）

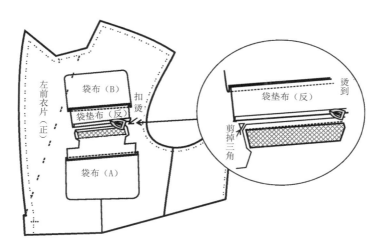

图 6-29　分缝熨烫

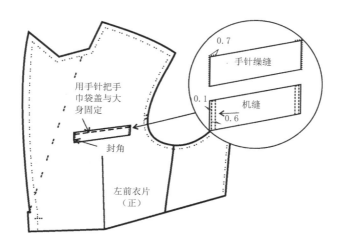

图 6-30　封手巾袋角　（单位：cm）

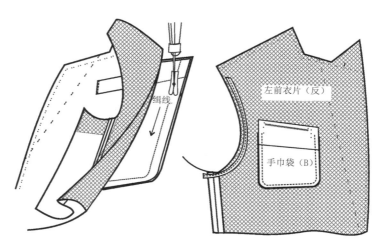

图 6-31　缉合袋布

（8）开大袋

① 袋盖的裁配（图6-32）：裁配时袋里用斜丝，为了使袋盖的袋角不反翘，在裁配时袋盖面比袋盖里在四周通常都要大0.3cm～0.5cm。为了使做出的西服呈现平而薄的效果，通常袋盖的正反面都不用烫衬（最多只能在袋盖的里料上烫薄衬），袋盖面的丝缕应与衣片纱向相同，如果是条格面料则对条对格。

② 做袋盖（图6-33）：将袋盖面与袋盖里正面相叠，按照净样线缉合。在修剪缝份时，先修剪里料，里料直线处留缝份0.3cm～0.5cm宽，弧线处只需留缝份0.2cm～0.3cm宽。再按照缉缝烫一下，然后翻转至正面，烫煞。也可以折叠烫，使做成后从正面看不到袋盖里。

③ 裁配嵌条（图6-34）：在嵌条的反面粘烫薄的黏合衬，再把烫好衬的嵌条翻转折叠。折叠时作为正面的嵌条要多些，这样能使开好后的口袋薄而平。

④ 做标记、缉袋盖（图6-35）：在衣片上根据线丁位置做开袋标记，并把袋盖与嵌条缝合，嵌条留宽0.5cm，袋盖留宽按照口袋宽净样确定。

⑤ 缉嵌条（图6-36）：嵌条和袋盖按照开袋标记分别缉在前衣片正面上，注意缉线的

两端要打来回针。两缉线的宽度为1cm，嵌条所留宽度为0.5cm，然后用熨斗熨烫平整。

⑥ 剪三角（图6-37）：翻开上下嵌条，沿原有已剪开的袋缝（肚省）开剪，剪止距离袋口两端0.6cm~0.8cm处分别剪成"Y"字形三角。注意：在剪三角时要剪到缉线端根部但不能剪断缝线。

⑦ 扣烫、固定嵌条（图6-38）：将上、下嵌条布翻到反面熨烫平整，并用手缝针固定好上下嵌条，注意上、下宽窄要一致，袋角要方正。

⑧ 缝合小袋布（图6-39）：把小袋布与下嵌条缝合，缉缝0.3cm宽，再将缝合好的口袋布烫开。

⑨ 缝大袋布、封三角（图6-40）：袋垫布与大袋布缝合。把袋垫袋布直接与口袋布缝合，都以毛样为准。袋垫布扣烫煞后直接压缉到大口袋布上，缉线止口0.1cm宽。

⑩大口袋布与上嵌条缝合，缝份1cm。衣片翻至反面，先把三角封好，平铺袋布并按缝宽1cm缉线，然后翻出袋盖烫平服，最后把袋布下端与衣片用手针固定。

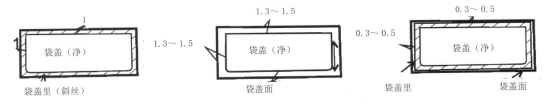

图6-32 袋盖的裁配 （单位：cm）

Q&A:

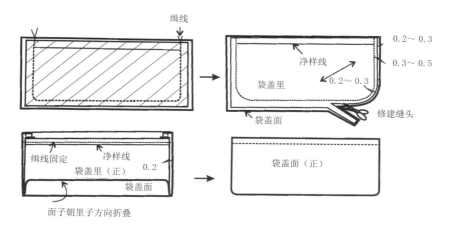

图 6-33 做袋盖 （单位：cm）

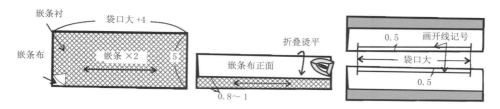

图 6-34 裁配嵌条 （单位：cm）

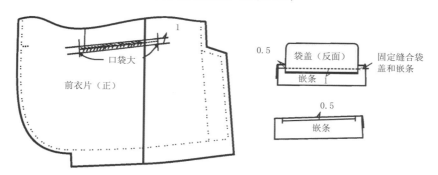

图 6-35 做标记、缉袋盖 （单位：cm）

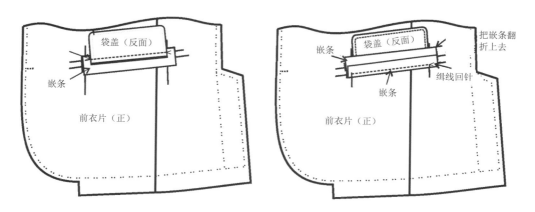

图 6-36 缉嵌条

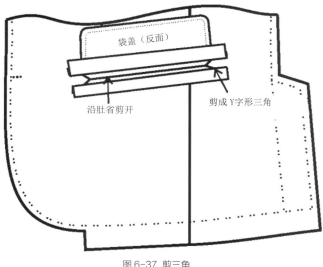

图 6-37 剪三角

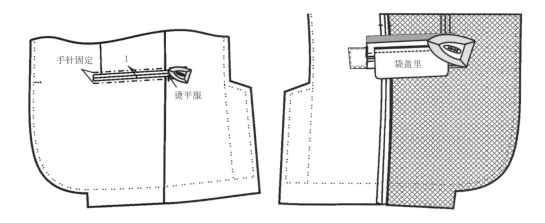

图 6-38 扣烫、固定嵌条 （单位：cm）

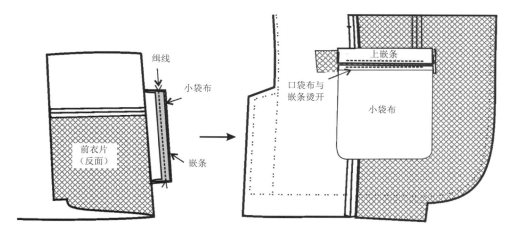

图 6-39 缝合小袋布

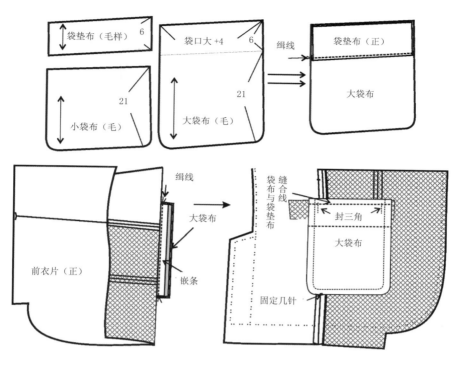

图6-40 缝合大袋布、封三角 （单位: cm）

（9）做胸衬

　　先把大身衬腰部省量剪掉，垫上垫布合并省，用三角针绗缝。肩部拉开1.5cm宽，在拉开部位垫上垫布与增衬绗缝。然后按照制图的部位依次将加强衬与胸绒衬平覆在大身衬上（图6-41），一起绗缝四道线（图6-42）。然后用熨斗熨烫，熨烫成功后胸部挺括有胖势，肩部微张有翘势，同时也要使左右胸部胖势对称、均匀。烫完后不可叠压或平放，要用绳子穿挂，冷却定型。

（10）敷胸衬

　　① 敷胸衬（图6-43）：胸衬平铺在前衣片的反面，大身衬正面与衣片反面相叠，按照图6-43所示对好位置。再把衣片和胸衬同时翻到正面，并将衣片和胸衬放到烫包上，用手针和白棉线固定三道线。第一道线，从距肩缝8cm左右开始，通过胸部最高点缝至腰节处。第二道线，距驳口线2cm~3cm，平行驳口线（第二道线的端点）。第三道线，从驳口线和距肩线8cm处开始，沿着袖窿、胸衬的形状走线到门襟止口线处。

　　② 固定胸衬（图6-44）：把前衣片翻到反面，在胸衬边缘（除袖窿和肩部）用本色线三角针固定胸衬和衣身，针迹仅限0.5cm~1cm，衣片正面不能露针迹。再用1cm~1.5cm宽的直丝黏合衬做嵌条，在驳口线处分别压住衣片的驳口线位置和胸衬，粘烫牵条衬时注意中段要稍微拉紧些，两端要平服。袖窿弧线用倒勾针针法稍收紧，线迹不能超出净样线，一般控制在0.6cm宽的位置，线迹露出外面，故最好用本色线。固定好后修剪胸衬，肩部胸衬伸出0.5cm~1cm，袖窿伸出0.3cm~0.5cm。

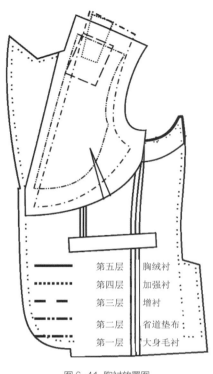

——	第五层	胸绒衬
······	第四层	加强衬
— —	第三层	增衬
– – –	第二层	省道垫布
———	第一层	大身毛衬

图 6-41 胸衬放置图

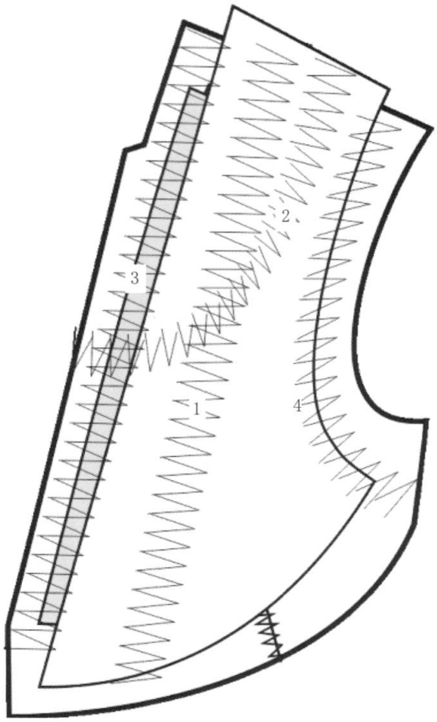

图 6-42 绗缝胸衬 （单位：cm）

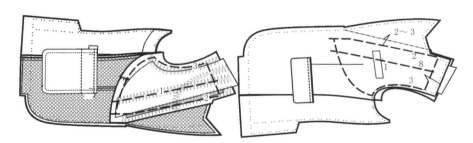

图 6-43 敷胸衬 （单位：cm）

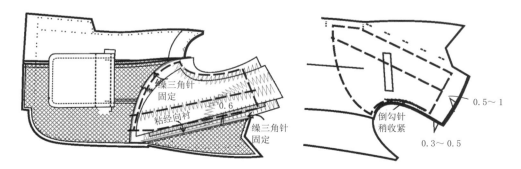

缲三角针
固定

0.6

粘经向衬

缲三角针
固定

倒勾针
稍收紧

0.5～1

0.3～0.5

图 6-44 固定胸衬 （单位：cm）

（11）烫止口牵条（图6-45）

先在止口线净缝线内侧粘烫 1cm 宽的直丝有纺衬止口牵条，粘烫时需注意驳头中段稍带紧，腰节处平敷，圆角部位稍紧，串口处要平服，底边平敷。再把敷好胸衬的前衣片按照归拔前衣片的方式再熨烫一次，待冷却后挂在模型上观察胸部造型是否挺括，是否丰满。

（12）开内袋

① 做内袋盖和嵌条（图6-46）：取边长为 10cm 的正方形里料布，直丝中线部位烫薄衬，再沿中线对折烫煞，画出扣眼位，剪开并锁好扣眼，再将扣眼位进行熨烫。袋盖宽约 4cm ~ 5cm（在 4cm~5cm 处做好标记）。嵌条为直丝里料布，长 18cm、宽 4cm，反面烫薄衬并折烫煞，做好 0.5cm 的标记，其他的跟面料的大袋做法一致。

② 挖内袋（图6-47）：首先在里料正面按位画好袋位点，然后把袋盖缉在嵌条上，再按标记缉好嵌条，做法与衣身的大袋一致，只是袋盖不同罢了。

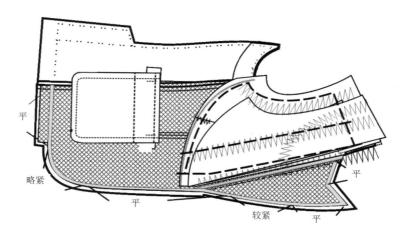

图 6-45 烫止口牵条

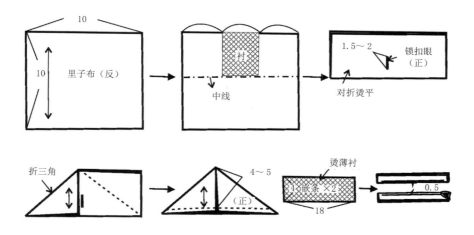

图 6-46 做内袋盖和嵌条 （单位：cm）

图 6-47 挖内袋 （单位：cm）

（13）复挂面

① 固定挂面（图 6-48）：先把左右两片挂面边上的拉丝修直，烫平。如果是有条纹的西服，驳口处通常要尽量避免使用明显条纹。再把衣身正面与挂面正面相叠，对好位，为了保证做成后的质量，可以先用手针固定挂面，固定时按照图示进行。

② 缉止口（图 6-49）：从门襟衣片底边向驳头方向缉线，里襟衣片由驳头方向向底边缉线。缉线时沿嵌条的边沿缉线，通常驳头处离嵌条边 0.1cm 宽，驳折点至底边需离嵌条边 0.2cm 宽。缉好线后要检查驳头是否有窝势，两边是否对称，缉线是否顺直。

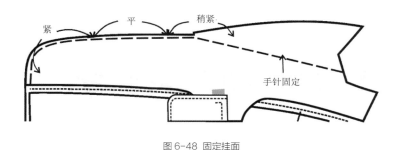

图 6-48 固定挂面

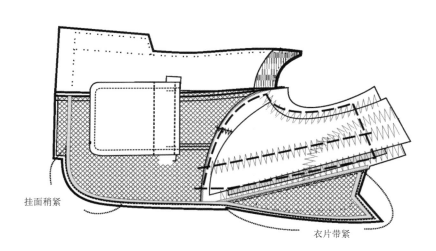

图 6-49 缉止口

（14）翻烫止口、缲止口

① 修止口（图6-50）：应用分段修止口的方法，即在驳头部位先修面料止口，在驳折点至底边先修里料止口，且留缝份0.2cm～0.3cm宽。然后将衣身翻转，在驳头位置修挂面缝份和驳折点至底边的衣身缝份，并且要让衣身缝份多出0.2cm宽，留缝份的多少需要根据面料的质地而定，面料质地紧密则可少留些缝份，反之则多留些缝份。再在驳头大点处打剪口。注意只在衣身上打剪口，挂面的缺嘴点不可打剪口，以便于装领。

② 烫止口：驳头处缝份部分倒向挂面烫，驳头以下部分则倒向衣身烫。

③ 缲止口（图6-51）：通常采用斜形针法缲缝，以防止止口缝份移动。缲缝时缝份整顺、整实，圆角要圆顺，按烫倒方向进行。驳口部分缝份倒向挂面，驳口以下缝份倒向衣身。注意正面不可露线迹。

④ 翻烫止口（图6-52）：止口翻出，直角方正、圆角圆顺。驳头段止口位置整烫时，挂面要比衣身多0.1cm~0.2cm的宽度，并烫出驳角窝势。驳头以下至底边，挂面朝上，衣身朝下，放上面熨烫，熨烫时衣身要比挂面多出0.1cm~0.2cm，同样底边圆角也需烫出窝势。熨烫要求达到止口薄、顺、平，各部位按照线丁烫煞、烫平、烫顺，左右驳角和圆角对称。

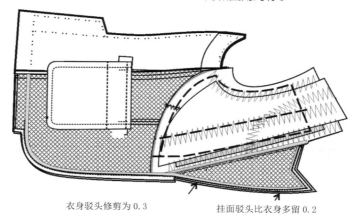

衣身驳头修剪为0.3　　　挂面驳头比衣身多留0.2

图6-50 修止口 （单位: cm）

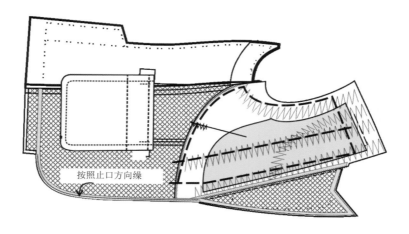

按照止口方向缲

图6-51 缲止口

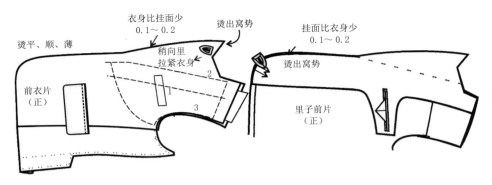

衣身比挂面少
0.1～0.2

烫出窝势

挂面比衣身少
0.1～0.2

烫平、顺、薄

稍向里
拉紧衣身

烫出窝势

前衣片
（正）

里子前片
（正）

图6-52 翻烫止口 （单位：cm）

（15）固定挂面、清剪挂面（图6-53）

按照驳折线位置把驳头翻至衣身正面，距驳折线上端5cm处用手针把驳折线固定，固定时一定要里外匀称。再用手针沿着挂面的里边进行固定，固定时上端留10cm~15cm宽不固定，以便装领；下端留10cm宽左右便于操作底边，针距为3cm~5cm。然后把夹里翻开，将挂面缝边与衬布及袋布缝合，针脚2cm宽。

（16）拼合挂面与前衣片里料（图6-54）

前上片按照制图所设褶量缉缝（图6-54-①、图6-54-②）。然后将前上、下片置于挂面之上，正面相叠，对准刀眼缉缝1cm宽，距离下摆3cm宽的地方缝来回针（图6-54-③），并在前下片夹里处打剪刀口。翻转到正面，缝份倒向挂面，缉缝0.1cm宽（图6-54-④）。

（17）缝合后衣片及归拔后衣片

① 缝合后衣片（图6-55）：把后左右衣片正面相叠，按线丁标记进行缝合，缉线要顺直，上下层不错位。

② 归拔后背中缝（图6-56）：首先归拔后背中缝，背部归直，把多余的量归缩到肩胛骨部位，臀至腰节部位也要稍归，把腰节部位

的缝份尽量拔开。

③ 归拔后衣片侧缝及肩部（图6-57）：将腰节部位拔开，袖窿及臀部归拢，使侧缝归拔完后自然顺直。肩部外弧处则要归平。

④ 分烫后中缝、扣烫底边（图6-58）：归拔完两后衣片后，在中腰处与中腰上下4cm~5cm的地方打上剪口，避免烫后缝份不回弹，喷水在背中缝进行分烫。分烫时，中腰稍稍张开，把背部胖势推向肩胛骨处，以使肩胛骨处有余量。再将背缝烫煞、烫顺，然后把底边按线丁标记折转烫煞，以防止斜丝部位变形。袖窿处用宽为2cm左右的薄衬熨烫。

⑤ 缝合后衣片里料见图6-59。

（18）开侧缝衩（图6-60）

① 做侧缝衩（图6-60-①）：下摆处的后衩方角按照图所示缝合、修剪、翻出，并熨烫平整。然后将前、后侧缝正面相叠，缉缝1cm宽至摆衩部位，在前侧衣片摆衩转角处打剪刀口并分开烫平。

② 缝合侧缝衩（图6-60-②）：前侧衣片摆衩处按照线丁正面对准，在摆衩处缉缝1cm宽并翻转烫平。对准上下层摆衩部位，如图缉缝1cm宽至止口。

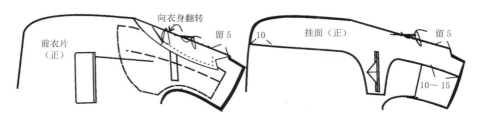

图 6-53 固定挂面 （单位：cm）

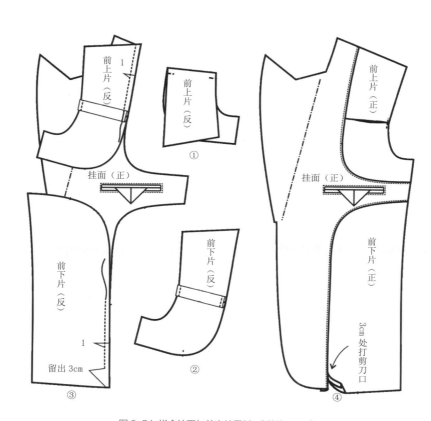

图 6-54 拼合挂面与前衣片里料 （单位：cm）

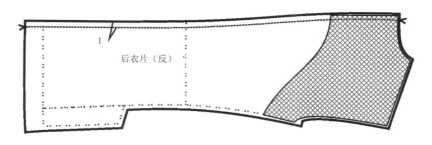

图 6-55 缝合后衣片 （单位：cm）

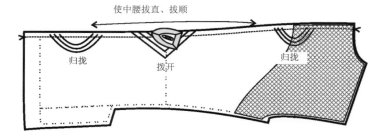

图 6-56 归拔后背中缝

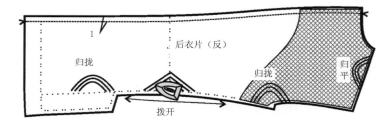

图 6-57 归拔后衣片侧缝及肩部 （单位：cm）

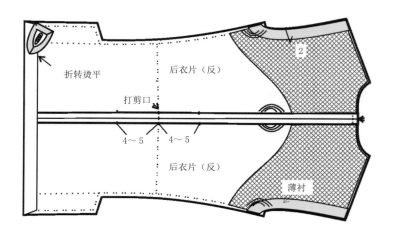

图 6-58 分烫后中缝、扣烫底边 （单位：cm）

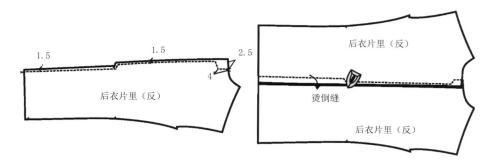

图 6-59 缝合后衣片里料 （单位：cm）

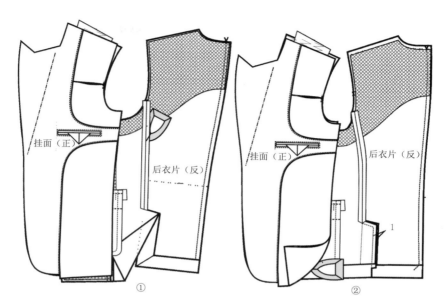

挂面（正）　　　后衣片（反）　　　挂面（正）　　　后衣片（反）

①　　　　　　　　　②

图6-60 开侧缝衩 （单位：cm）

（19）缝合前后侧缝、做底边

① 缝合前后侧缝、做底边（图6-61）：前衣片夹里正面相叠，按净缝线缉缝，从底边缉到袖窿或从袖窿缉到底边，缉顺，注意腰节位打剪口，再将缝份倒向一边烫平。

② 翻正底边（图6-62）：按照净样线将底边向夹里反面折光并熨烫平整，夹里在上摆平衣片，用手针长线距离夹里底边1cm宽处固定夹里与衣片。翻开上层夹里，用三角针固定底边缝份。然后将衣身翻到正面，用熨斗熨烫平整。

（20）缝合肩缝

① 缝合肩缝（图6-63）：先用棉线把后肩的余量抽紧，抽线离净缝线0.7cm宽，针脚0.1cm宽。再将前衣片放上面，前、后衣片肩缝正面相叠并掀开前衣片的胸衬，按照线丁位置缉缝1cm宽，注意上下层不移位，下层吃势均匀。然后将缝份分开烫平、烫顺。最后将胸衬与后肩线用手针缝合固定。

② 缝合里子肩缝：后衣片放下面，后衣片放下层，前衣片在上，肩缝正面相叠，缉缝1cm宽，再将缝份倒向后衣片烫平、烫顺。

（21）做领

① 做领面（图6-64）：上盘领和下盘领正面相叠，刀眼对准，缉线0.6cm宽，然后将缝份分开烫平，并在衣领两边各缉0.1cm宽的明线。注意双明线要压平行，最后把上盘领的上口线反向折转1.5cm宽烫平、烫煞。

② 缲牢领面和领里（图6-65）：将领底绒正面朝上，置于领面上口上面，距离领面上口1cm处，用手针固定，然后在领底绒上口处缲三角针，针距0.3cm宽。缲三角针时要考虑上、下层的收缩量，领面略微形成吃势。缲牢后将衣领翻至正面进行熨烫，熨烫要求达到领的外口线薄而平的效果，并按照净缝的要求把领角折转烫煞。

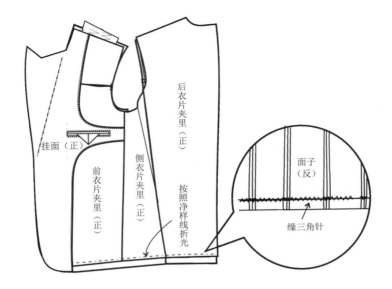

图 6-61 缝合前后侧缝、做底边

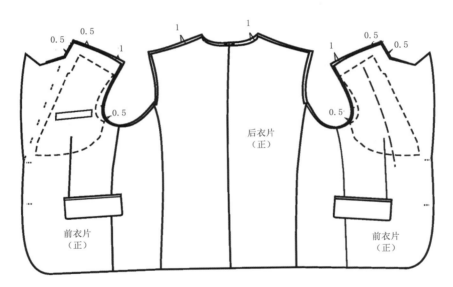

图 6-62 翻正底边 （单位：cm）

Q&A:

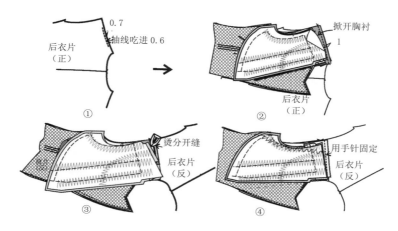

图6-63 缝合肩缝 （单位：cm）

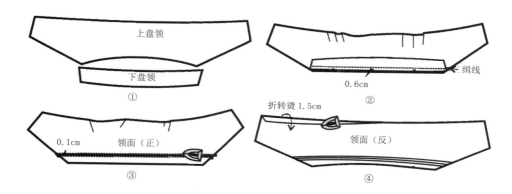

图6-64 做领面

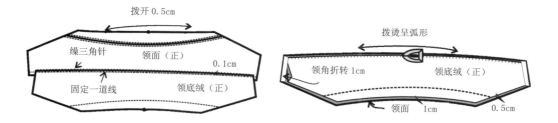

图6-65 缲牢领面和领里

（22）装领

① 缲领面（图6-66）：领面与挂面的领口正面相叠，刀眼对准，缉缝1cm宽，在领角处打剪口。然后将面、里的后领圈，上、下层对准并用手针缝倒勾针，在斜丝部位稍稍拉紧，再把领面与挂面的串口线正面相叠，按净缝缉缝。注意起针线头需手工打结，在挂面领圈转

角处要打剪口，以便分开烫缝，然后再把领面和挂面的串口线缝份分开烫平，并修剪缝份，挂面缝份留0.5cm宽，领面留缝份0.6cm宽。

② 缝合领底绒（图6-67）：把领面与衣片拼合的缝份分开烫平，再用手针将衣身串口与挂面串口固定（手缝线与衣料同色）。然后把领子摆平整，在驳折处用棉线固定，手工整

固时要注意上下层的容量。最后将领底绒下口与衣身领圈用本色线缲三角针固定，三角针针距 0.3cm。

（23）做袖

① 归拔袖片（图 6-68）：在大、小袖片反面相应点位置进行归拔，将大袖片的后袖缝线袖肘处及后袖山高向下 10cm 处稍归拔。将大、小袖片袖肘线拔开，使翻折后的前袖缝线呈自然弯曲状，以符合人体穿着要求。

② 缝合内袖缝（图 6-69）：将前、后袖缝正面相叠，按照线丁要求对准刀眼缲缝 1cm 宽，再将前、后内袖缝缝份分开劈烫并按工艺要求锁好扣眼。

③ 做袖衩（图 6-70）：按照线丁要求做袖衩，做好的袖衩要窝服，正面不反翘，大小袖衩长度要保证一致。

④ 缲后袖缝（图 6-71）：前、后后袖缝正面相叠，对准刀眼缲 1cm 宽的缝份，在大袖衩和底边缝合线处停止缲线，起止针来回缝三道。然后将后袖缝缝份分开劈烫，在小袖衩折转处打剪刀口，再将大小袖的袖口边烫平服。大袖口比小袖袖口处略多出 0.2cm，然后用锁眼针法把折边与毛缝锁好。

⑤ 做袖里（图 6-72）：将大小袖正面相叠缲缝前后袖缝，然后将含有 0.2cm 松量的袖缝向大片扣倒。

⑥ 组装衣袖（图 6-73）：袖面翻到正面，袖里反面朝外，将袖面塞进袖里，正面相叠，大小袖相对，在袖口从袖衩部位开始缲缝 1cm 一周。然后缝份烫向袖面，用三角针固定袖口，注意袖面不露线迹。然后将袖面翻至正面，在袖内缝和外侧缝处固定好袖面与袖里。

⑦ 抽、烫袖山（图 6-74）：将袖里塞进袖面，从大袖内袖缝开始用手针密封。注意：缝针要均匀，一直到小袖山的 2/3 处，缝份为 0.3cm 宽，然后根据袖山吃量抽袖，抽量要均匀。把抽好的袖山在烫凳上进行熨烫，使袖山吃量均匀，造型稳固，袖山造型圆顺且饱满。

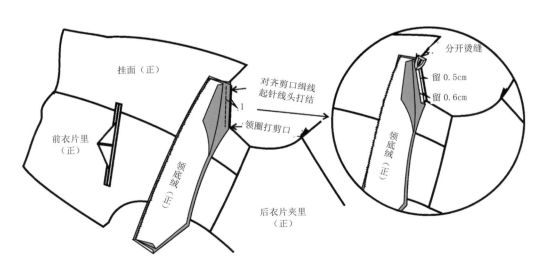

图 6-66 绱领面

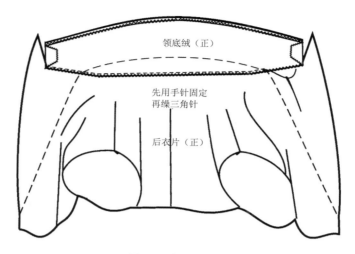

图6-67 缝合领底绒

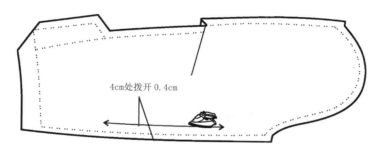

图6-68 归拔袖片

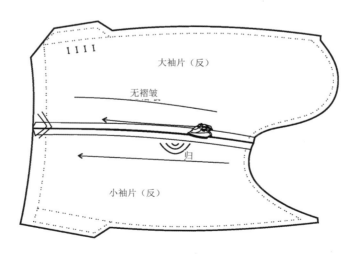

图6-69 缝合内袖缝

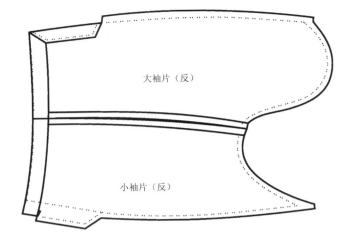

图6-70 做袖衩

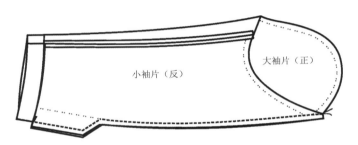

图6-71 缉后袖缝

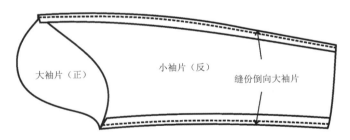

图6-72 做袖里

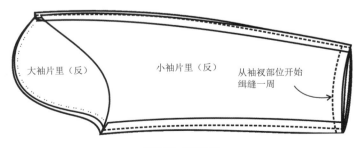

图6-73 组装衣袖

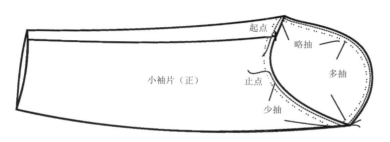

起点

略抽

多抽

小袖片（正）

止点

少抽

图6-74 抽、烫袖山

（24）绱袖

① 绱袖面（图6-75）：将袖面与衣片面袖山正面相叠，对好位缉缝1cm，吃势要均匀，缉线要圆润、顺直，不能出现明显的褶皱。绱袖完成后，按照纸样设计要求，将弹袖棉缝在袖面上，缉缝时要求缝份对准，不能压至绱袖线以外。

② 绱袖里：将衣身夹里与衣身袖窿部分用手针固定一圈（图6-76），然后将袖里与袖窿标记点对准，采用暗缲手法缲缝一周（图6-77）。缲缝时，要注意各段袖山的吃势，不能出现明显的褶皱，线迹不能露出袖夹里，绱袖圆顺、顺直。

③ 熨烫整理衣袖，使其外形美观，符合人体形态。注意：衣袖做好后要丝缕顺直，前圆后登，袖山头饱满，衣袖面里不紧不松，左右对称。

（25）锁眼、钉扣

① 锁扣眼：扣眼大小通常为2.3cm~2.5cm，眼位按照图6-2的要求确定，用圆头锁眼机锁眼。左边驳头使用本色线按照锁眼手针法锁圆头扣眼。装饰扣眼还可采用打线襻的方法锁眼或用锁眼机锁眼。

② 钉扣：在西服左前身的相应位置，用本色线按照钉扣技法反复钉4~5次。扣子要绕脚2~3圈，使左右襟扣合后平服，一般线柱的长度等于止口的厚度，钉扣的反面可以加小垫扣以增加牢度。袖衩装饰扣钉牢固即可。

（26）整理

撤掉驳头和领子上的固定线，把衣服上所有部位的线头清剪干净。

（27）整烫

① 先用熨斗将男西服表面轻轻全部熨烫。不方便直接熨烫的部位可以借助布馒头或其他工具进行熨烫。在熨烫的过程中要小心避免破坏成衣的立体效果。熨烫时一定要在衣服的正面垫烫布，避免起极光，蒸汽熨烫应烫干定型。

② 烫衣袖：因为在绱袖之前已把衣袖烫煞，所以在整烫时只需检查衣袖是否平服就可以了。把衣袖套进长形布馒头上（或专用袖型烫架上），垫上垫布，把衣袖不平服的地方烫平、烫煞，缝份处多烫，以使衣袖平服而有立体感。

③ 烫肩部：把布馒头调整成突起状，把衣服套好成穿着状态熨烫定型，使肩部呈自然形态，以免破坏衣袖的立体感。在烫肩部时，不可烫到袖山弧线处。

④ 烫胸部：把胸部放在布馒头分段熨烫，使胸部造型丰满而符合人体体型，但要注意大身丝缕的顺直。

⑤ 烫腰部和袋口：烫腰部时把前身放在布馒头上，放平丝缕，用归拔的方式将腰部烫挺、烫平。特别要注意的是不要使腰部起吊。袋口位的丝缕与大身一致，袋位要呈弧形。

⑥ 烫下摆：从左襟到右襟进行熨烫，使烫煞的下摆自然平服，不能有折痕，里子平服。

⑦ 烫背部和止口：将刀背缝的缝子和背部中缝烫平，肩部和臀部要烫出胖势。将门襟止口和领子止口烫煞，烫煞后正面不吐止口，丝缕顺直。为了避免有极光和污渍，烫时应放上垫布。

⑧ 烫领子和驳头：将领子和驳头套在布馒头上，把折痕轻轻烫掉。再把后领在翻折线中段处轻烫定型。再把驳头沿驳口线翻折，呈自然外翻状态（可以不烫出形态，外观看不到烫痕）。

⑨ 烫里：整个西服面烫煞后，翻转至反面，将前后衣身里子有折痕的地方用熨斗烫平、烫顺。

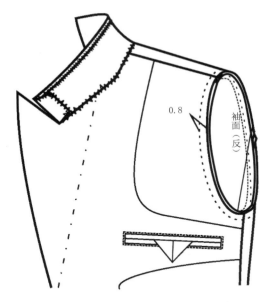

图 6-76 手工固定面、里袖窿 （单位：cm）

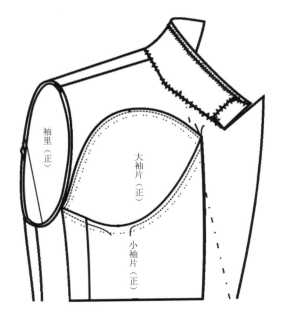

图 6-75 绱袖面

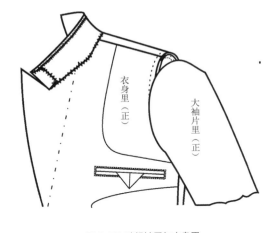

图 6-77 暗缲袖里与衣身里

Q&A：

3. 检查与评价

请对照表 6-4 商务休闲西服制版与工艺任务评价参考标准进行自查自评。

表 6-4　商务休闲西服制版与工艺任务评价参考标准

评价内容		权重	计分	考核点	备注
操作规范与职业素养（15分）		5分		纪律：服从安排、不迟到等。迟到或早退一次扣0.5分，旷课一次扣1分，未按要求值日一次扣1分	出现人伤械损等较大事故，成绩记0分
		4分		安全生产：按规程操作等。人离未关机一次扣1分	
		3分		清洁：场地清扫等。未清扫场地扣1分	
		3分		职业规范：工具摆放符合"6S"要求	
样衣缝制（85分）	裁剪质量	20分		裁片与零部件图片一致；各部位的尺寸规格合符要求，裁片修剪直线顺直、弧线圆顺。发现尺寸不合理、线条不圆顺每处扣2分，扣完为止	样衣经检查为次品的该项最高记40分，经检查为废品的该项记0分
	缝制质量	50分		缝份均匀，缝制平服；线迹均匀，松紧适宜；成品无线头。口袋左右对称，袋角方正。领子注意左右领角对称、长短一致，装领平服。绱袖要求绱袖圆顺，袖位准确。缝制质量不合格每处扣5分，扣完为止	
	熨烫质量	15分		成品无烫黄、污渍、残破现象。每处错误扣3分，扣完为止	
总分		100分			

本章小结：

1. 此款可根据西服用料要求，一般选用高档毛、呢料。

2. 此款为西服结构，采用三开身造型结构处理，注意后背长要长于前腰节长。

3. 此款前片粘烫有纺衬布，绱袖里采用暗缲针法固定。

学习思考：

1. 商务休闲西服结构造型要注意哪些环节？请结合你的任务实践，谈谈你的体会与收获。

2. 商务休闲西服工艺在进行牵条时要注意哪些要求？

3. 仔细分析图 6-78 平驳头西装款式，请设计好该款的生产通知单，制作样衣工业样板（含面料样板、里料样板、衬料样板、辅料样板、工艺样板），完成工艺流程设计和样衣制作。

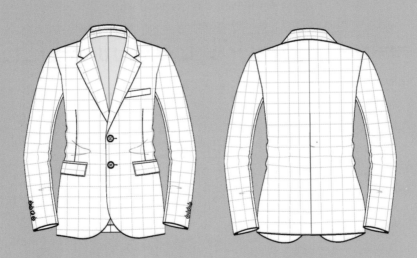

图 6-78 平驳头西装

拿破仑领风衣制版与工艺

项目描述：

按照某公司提供的拿破仑领风衣生产通知单（表7-1），对照170/88A的号型设计的成品规格尺寸，分析款式造型、面料特性、工艺要求等，进行结构造型分析和样板制作；然后按照单量单裁的要求进行面、辅料配置，设计样衣工艺流程并完成样衣制作。

学习重点： 结构造型分析和样板制作，缝角处理、核版和对版，风衣工艺流程设计，风衣工艺制作。

学习难点： 结合面料的性能和工艺要求进行结构造型分析；合理选择并组织现有设备，进行风衣工艺流程设计；敷牵条与归、推、拔工艺处理。

学习目标：

能读懂拿破仑领风衣生产通知单的各项要求，选择合适的制版与工艺方法。

能根据款式图，结合面料的性能和工艺要求进行结构造型分析及样板制作。

能针对不同的样板进行缝角处理、核版和对版。

能根据单量单裁的要求进行面、辅料排料。

能合理选择并组织现有设备进行男装拿破仑领风衣工艺流程设计。

能合理使用现有设备进行男装拿破仑领风衣工艺制作。

能正确进行样衣后整理。

能进行安全、文明、卫生作业。

表 7-1 拿破仑领风衣生产通知单

款号：	客户：BSR		款式名称：拿破仑领风衣	季节：春、秋季	单位：cm
制单号：	纸样号：		组别：	面料：尼龙棉	里料：美丽绸

部位	尺寸（单位：cm）					
	165/84A	170/88A	175/92A			
后背长	41.5	42.5	43.5			
后中长	85	87	89			
胸围	112	116	120			
肩宽	47.6	48.8	50			
袖长	60.5	62	63.5			
袖口	33	34	35			
领围	43	44	45			

裁剪要求	商标要求	工艺要求
1. 规格尺寸在允许的公差范围内。 2. 面、辅料样板齐全，无缺损。 3. 裁剪前，对面、辅料采取恰当的方法进行缩水处理。 4. 裁剪前观察面料色差、色条，使破损量在允许的公差范围内。 5. 纱向顺直，偏差量控制在允许的公差范围内。 6. 进出刀符合要求，裁片准确，两层相符，刀口深 0.5cm	主唛：配色车线车两边于后领正中，不要过底车，需回针牢固。 尺码唛：吊车于夹里左侧袋袋口。 成分唛：吊车于夹里左侧袋袋口	机针：14 号。 针距：3cm，共 13 针。 烫衬：前衣片、挂面、大小袖片袖口、底摆、袋板、袋垫、翻领里、后龟背均粘软布衬。领座面、翻领面均粘树脂衬。粘衬须牢固不起泡，大货不洗水，布面严禁粘有残余衬渍。 前身：胸部造型饱满，大身平挺，止口顺直，不搅不翘，吸腰平服。 后身：后背方登，肩缝顺直，肩头平整。 袖子：绱袖圆顺，无起涟、吊紧现象。 领子：领头窝服，装领平服，不歪斜，领角长短一致。 口袋：规格准确，左右对称，袋板方正。 整烫：熨烫平服、整洁，无烫黄、烫焦、水渍和亮光。 锁眼：锁圆头扣眼。共 10 个，开眼净长 2.5cm

工艺编制：	编制日期：	工艺审核：	审核日期：

任务一 拿破仑领风衣结构设计

1. 结构造型分析

风衣是穿在外面的服装，除了有保暖、防风、防尘的作用外，还兼有保护上衣和装饰的作用。大衣是具有一定宽松度的服装，包括风衣和呢大衣。

风衣采用涂层面料制作，具有防风、防雨的功能，常于春秋季节穿用。其款式特点一般是前襟双排扣，开袋，配同色料的腰带、肩襻、袖襻等，有装饰线。领、袖、口袋以及衣身的各种切割线条也纷繁不一，风格各异。

呢大衣采用厚一点的毛呢面料制作，具有保暖的作用。其款式有单排和双排扣，直腰身和稍放摆。领子有翻领和驳领，袖子有圆绱袖和插肩袖。因其面料较厚实，故多缉明线。其外形大方、实用，最能显示男士的风度与气派。

2. 样衣结构制图

（1）前、后衣身框架图

① 衣身结构：男装拿破仑领风衣的基本结构是属于四开身（或称八片构成），这种四开身的结构是比较宽松的造型。

② 胸围：男风衣前襟是双排扣，衣身较宽松，故胸围加放量一般为 26cm~32cm。

③ 领围：由于此款风衣是企领，领围不宜太大，此款风衣领围定为 44cm。

④ 后中长：中长风衣，长度为 87cm，一般取身高的 51%~52%。

⑤ 肩宽：风衣因为衣身较宽松，其肩宽要按照款式要求加放量 4cm~6cm，此款风衣肩宽定为 48.8cm。

⑥ 袖窿深：袖窿尺寸一般随着胸围尺寸的变化而变化，风衣按照 $B/6+9.5cm$ 确定袖窿深。

⑦ 袖长：风衣一般穿在套装外，所以袖长比套装要长，此款风衣袖长定为 62cm。

⑧ 袖口：袖口可按 $B/10+5cm~6cm$ 确定，此款风衣二分之一袖口定为 17cm。

⑨ 袖山高：风衣的袖子与衣身要协调，属于较宽松型袖，故其袖山高按照 $B/10+7cm$ 计算。

（2）前、后衣片框架图（图 7-1）

① 胸围：按照 $B/4$ 计算，因为属于较宽松型衣身，所以衣片不设前后差。

② 背长：按照号 /4 计算，计算结果为 42.5cm。

③ 衣长：为后中长，腰下 44.5cm。

④ 袖窿深：较西服低，按 $B/6+9.5cm$ 计算。

⑤ 后背宽：按照袖窿深的 1/2 画出。背宽 $B/6+3.2cm$。

⑥ 前胸宽：前胸宽比背宽窄 1cm，为 $B/6+2.2cm$。

⑦ 前胸劈势：在前上平线与前中心线的交点方向向内偏进 1.5cm，与袖窿深线和前中心线交点连接。

⑧ 前、后领：按 $N/5+0.5cm$ 确定后横开领。前横开领按后横开领 −0.3cm 作出。后直开领为定数 2.6cm，前直开领按后横开领 +0.5cm 确定。

⑨ 前后肩线：前、后肩斜分别按照 15:5.5、15:4.5 斜度确定，并按照 $S/2$ 确定后肩宽，量出后小肩宽，前小肩宽为后小肩宽 −0.7cm。

⑩ 搭门宽：此款风衣为双排扣，搭门宽 5cm。

⑪ 驳口止点：胸围线下5cm。

⑫ 驳头宽：搭门线外加1cm。

⑬ 前衣片下落量：前衣片低摆下落1.5cm，以保证胸突量。

（3）前、后衣片轮廓图（图7-2）

① 后衣片刀背缝：取后腰宽的1/2向侧缝方向偏1cm作垂直线。

② 前衣片刀背缝：从前胸宽起连顺至前腰节并向前中心方向偏2cm处向下作垂直线。

③ 前领弧：从前颈侧点起至前领深与前领宽之对角线的三分之二点，往下0.5cm再

与前领深点和驳口宽点画弧连顺。

④ 后领弧：以后领深与后领宽之交点作后颈侧点与后领深连线的垂直线，取垂直线的三分之一点与后领深和后颈侧点画弧连顺。

⑤ 驳头：将驳口宽点和驳口止点连接画顺。

⑥ 前袖窿弧线：从前肩端点开始至前袖窿深的三分之二处，与前胸围点画弧连顺。

⑦ 后袖窿弧线：从后肩端点开始至后袖窿深的二分之一处至后胸围点画弧连顺。

⑧ 底摆线：后片底摆线在下平线上，前片底摆线从前中心落低量开始至侧缝点连接画顺。

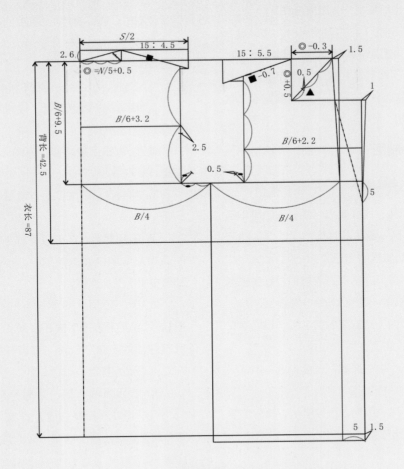

图7-1 前、后衣片框架图 （单位：cm）

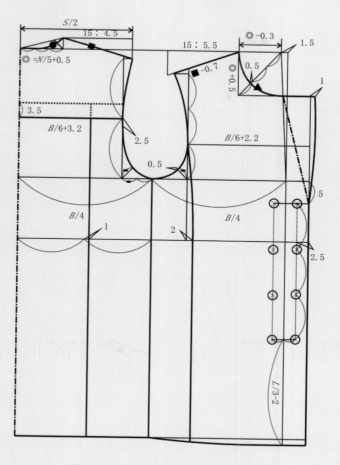

图7-2 前、后衣片轮廓图 （单位：cm）

（4）扣眼、口袋与挂面定位（图7-3）

① 扣位：第一粒扣与驳口止点平行，横向为门襟止口向里2.5cm处。第四粒扣按后中长/3cm~2cm处向上定出。另两粒扣按第一粒扣和第四粒扣的距离等分画出。

② 板袋：袋位横向为前刀背线向前中心线方向偏3cm处，纵向为腰节线向下10cm处。板袋宽4cm，长B/10+6.5cm。

③ 挂面：底摆处10cm宽，挂面上方在前小肩偏进4cm处，连接画顺即可。

（5）领片纸样设计（图7-4）

领座宽3.5cm，翻领宽6.5cm。

（6）袖片框架图（图7-5）

此款风衣袖子为一片转两片式较宽松袖。

① 袖山高：按B/10+7cm尺寸确定。

② 袖肘线：按SL/2+2.5cm尺寸确定。

③ 前后袖斜线：袖山吃势量不多，所以前袖斜线仅需减去0.5cm，后袖斜线不加不减。

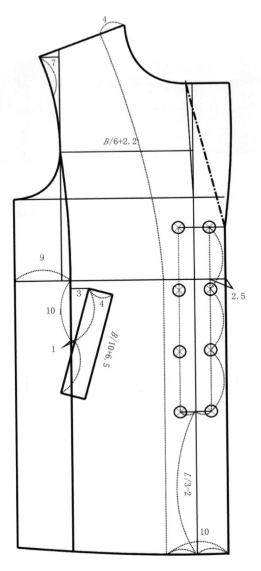

图 7-3 扣眼、口袋与挂面定位 （单位：cm）

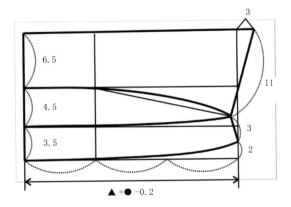

图 7-4 领片纸样设计 （单位：cm）

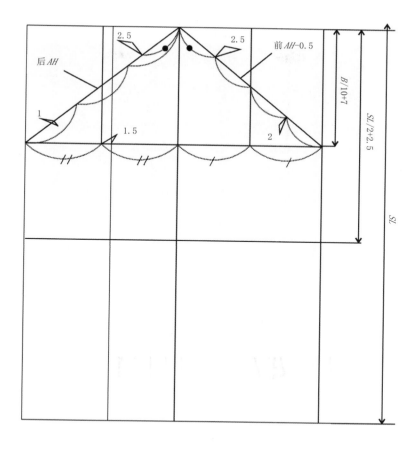

图 7-5 袖片框架图 （单位：cm）

Q&A：

（7）袖片轮廓图（图 7-6）

① 大、小袖片：小袖按后袖肥 /2 尺寸向前偏 1.5cm 定出，并在袖山处劈掉 1cm。大小袖内侧缝各向内弧 1cm；大、小袖外侧缝各向外弧 0.5cm。

② 袖口：宽可按照 B/10+5cm~6cm 确定，本款风衣袖口为 34cm，袖口线在大、小袖口外侧往下落 1cm 处，连线画顺。

（8）零部件纸样设计

零部件纸样设计见图 7-7。

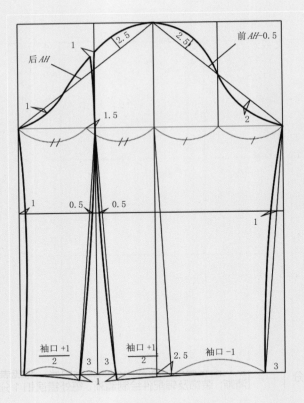

图 7-6 袖片轮廓图 （单位：cm）

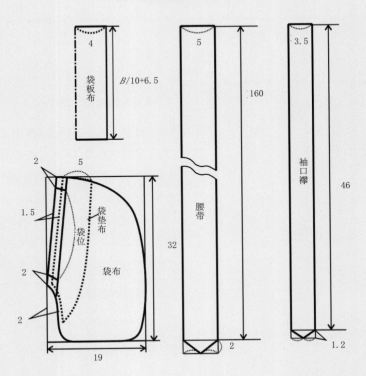

图 7-7 零部件纸样设计 （单位：cm）

3. 检查与评价

请对照表 7-2 拿破仑领风衣结构设计任务评价参考标准进行自查自评。

表 7-2 拿破仑领风衣结构设计任务评价参考标准

评价内容		权重	计分	考核点	备注
操作规范与职业素养 （15 分）		5 分		纪律：服从安排、不迟到等。迟到或早退一次扣 0.5 分，旷课一次扣 1 分，未按要求值日一次扣 1 分	出现人伤械损等较大事故，成绩记 0 分
		4 分		清洁：场地清扫等。未清扫场地一次扣 1 分	
		3 分		事先做好准备工作、工作不超时	
		3 分		职业规范：工具摆放符合"6S"要求	
样衣生产通知单（30 分）	款式图	4 分		正、背面款式图比例造型准确，工艺结构准确；款式图轮廓线与内部结构线区分明显，明线表达清晰；装饰及辅配件绘制清晰。每处错误扣 1 分，扣完为止	样衣生产通知单包含的五个内容齐全，不漏项，每处错误、交代不清楚或者漏项扣 2 分，扣完为止
	规格尺寸	6 分		成品规格尺寸表主要部位不缺项，规格含国标 165/84A、170/88A、175/92A 三个系列规格	
	裁剪要求	6 分		裁剪方法交代清楚	
	商标要求	4 分		商标要求交代清楚	
	工艺要求	10 分		针距、缝份、用线等主要缝制要求及方法明确	
样衣结构设计（55 分）	与款式图吻合	15 分		结构制图与款式图不一致扣 15 分	制图规范，各部位尺寸设计合理，每错一个部位扣 5 分，扣完为止
	尺寸比例协调	15 分		服装局部尺寸设计不合理，每处扣 5 分，扣完为止	
	线条粗细区分	10 分		各辅助线与轮廓线粗细区分明显。每处错误扣 1 分，扣完为止	
	线条流畅	10 分		服装制图线条不流畅、潦草，每处扣 1 分，扣完为止	
	标识	5 分		各部位标识清晰，不与制图线混淆。无标识每处扣 0.5 分	
总分		100 分			

任务二　拿破仑领风衣放缝与排料

1. 面料样板制作（图7-8）

① 放缝说明：挂面驳头止口、前中衣片门襟放缝 1.5cm 宽。翻领面上口三边放缝 1.3cm 宽。衣片底摆、袖片底摆放缝 4cm 宽，后上衣片下面放缝 5cm 宽。其余放缝 1cm 宽。

② 缝角处理：前、后衣片刀背缝，大、

小袖片内外侧缝均需进行直角放缝，衣片下摆、袖片下摆以及后上衣片下面要对折处理放缝。

③ 排料说明：该排料为单量单裁排料，不适合工业排料。排料时首先将面料两织边对齐，面向自己，铺平面料，注意上下层的松紧和面料的经纬纱向顺直。后衣片为不破缝结构，在排料时要将后中心线对准面料折叠边。

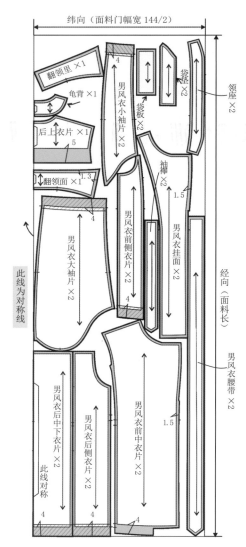

图 7-8　面料样板制作　（单位：cm）

2. 里料样板制作（见图7-9）

① 放缝说明：将前衣片里子于前衣片（净样）中取出，将挂面（净样）部分去掉，剩余部分为前衣片里子（净样）。大、小袖片侧缝上口处放缝3cm宽，大袖片袖中对位点处放缝1.5cm宽，衣片底摆、袖片底摆放缝1.5cm宽，大袋布、小袋布四周各放缝1cm宽，其余放缝为1.2cm宽。

② 缝角处理：大、小袖片内、外侧缝均需进行直角放缝，衣片下摆、袖片下摆要对折处理放缝。

③ 排料说明：后衣片夹里要与里料对折处对齐，不能歪斜。其余要求与面料样板排料要求相同。

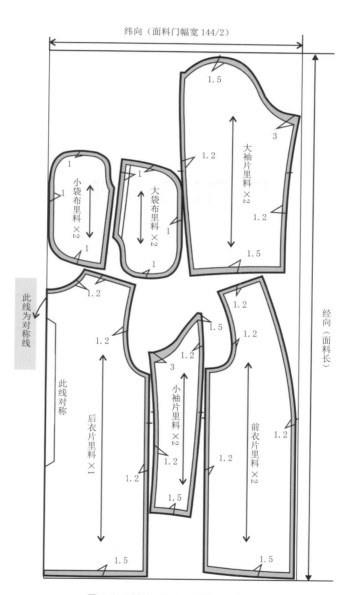

图 7-9 里料样板制作 （单位：cm）

3. 衬料样板制作（图7-10）

① 放缝说明：前中衣片除门襟放缝1.3cm宽、底摆放缝3.8cm宽外，其余放缝0.8cm宽。挂面除驳头部位放缝1.3cm宽外，其余放缝0.8cm宽。衣片底摆、袖片底摆放缝3.8cm宽。板袋、袋垫、翻领里、后龟背放缝0.8cm宽。领座面、翻领面按照净样板四周偏进0.2cm宽确定衬料样板。大、小袖片袖底和前、后衣片刀背底摆衬料请参照图7-10中阴影部分画出。

② 排料说明：与面料样板排料要求相同。

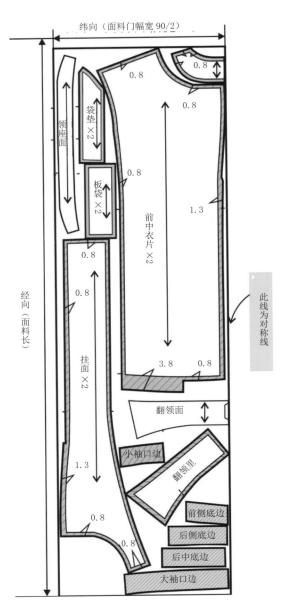

图7-10 衬料样板制作 （单位：cm）

4. 检查与评价

请对照表 7-3 拿破仑领风衣放缝与排料任务评价参考标准进行自查自评。

表 7-3 拿破仑领风衣放缝与排料任务评价参考标准

评价内容		权重	计分	考核点	备注
操作规范与职业素养（15分）		5分		纪律：服从安排、不迟到等。迟到或早退一次扣0.5分，旷课一次扣2分，未按要求值日一次扣1分	出现剪伤人等较大事故，成绩记0分
		4分		安全生产：安全使用剪刀，按规程操作等。不按规程操作一次扣1分	
		4分		清洁：场地清扫等。不清扫场地一次扣1分	
		2分		职业规范：工具摆放等符合"6S"要求	
样衣样板（85分）	规格尺寸	15分		样板结构设计合理，纸样各部位尺寸符合要求。每个部位尺寸超过公差尺寸扣2分，扣完为止	裁剪纸样、工艺纸样齐全；缺少一个纸样扣10分，扣完为止
	样板吻合	15分		样板拼合长短一致。错误一处扣2分，扣完为止	
		15分		两片或两部件拼合，有吃势，应标明吃势量，并做好对位剪口标记。缺少一项扣3分，扣完为止	
	缝份加放	15分		各部位缝份、折边量准确，符合工艺要求。每处错误扣2分，扣完为止	
	必要标记	15分		对位剪口标记、纱向线、钻孔、纸样名称及裁片数量等标注齐全。缺少一项扣2分，扣完为止	
	样板修剪	10分		纸样修剪圆顺流畅。不圆顺、不流畅每处扣2分	
总分		100分			

任务三　拿破仑领风衣工艺设计

1. 工艺流程设计

拿破仑领风衣工艺流程主要为：验片→烫衬→打线丁→缝合前衣片刀背缝→缝合后衣片分割、刀背缝→缝合后衣片→做板袋→敷牵条→拼挂面→拼缝后龟背→复挂面→缝合侧缝、肩缝→做袖襻、腰带→缉缝底摆、固定面里→做领→装领→做袖、绱袖→锁眼、钉扣→整理→整烫

2. 工艺制作分解

（1）验片

① 面料：前中衣片 2 片、前侧衣片 2 片、后上衣片 1 片、后中下衣片 1 片、后侧衣片 2 片、挂面 2 片、大袖片 2 片、小袖片 2 片、袋片 2 片、袋垫 2 片、翻领 2 片、领座 2 片、腰带 2 片、袖襻 4 片，后龟背 1 片，共 29 片。

② 里料：前衣片 2 片、后衣片 1 片、板袋布 4 片、大袖片 2 片、小袖片 2 片，共 11 片。

③ 衬料：有纺衬，按照图示进行熨烫。认真检查裁好的衣片和部件是否配齐，不能遗漏。

（2）烫衬（图 7-11）

男风衣烫衬的主要部位有：前衣片大身、前后片刀背底边、大小袖片底边、挂面、袋垫布、板袋和领片、后龟背。

（3）打线丁

① 前衣片：袋位净样线、腰节线、叠门线、扣位、底边线、领缺口线、翻驳线。

② 后衣片：底边线、腰节线、背高线。

③ 大、小袖片：袖口线、袖山对刀位、袖肘线。

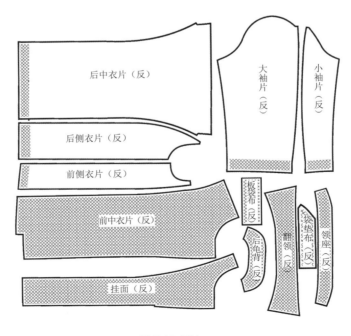

图 7-11　烫衬

（4）缝合前衣片刀背缝（图7-12）

将前中衣片和前侧衣片正面相对、放齐，侧片一般放在上面，将对位点对齐吻合，按1cm宽缉缝。缉完后将缝份倒向前中衣片，在衣片正面缉0.1cm×0.8cm宽的双止口明线。注意弧形刀背不可拉还。

（5）缝合后衣片分割、刀背缝（图7-13）

将后中片和后侧衣片正面相对、放齐，侧片一般放在上面，将对位点对齐吻合，按1cm宽缉缝。缉完后将缝份倒向后中衣片，在衣片正面缉0.1cm×0.8cm宽双止口明线。

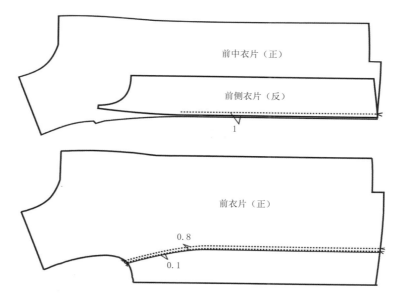

图7-12 缝合前衣片刀背缝 （单位：cm）

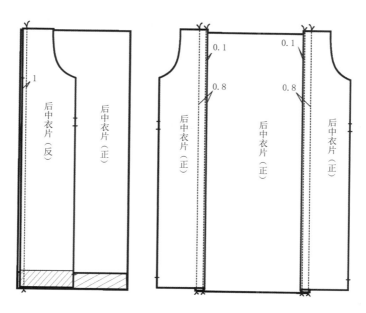

图7-13 缝合后衣片刀背缝 （单位：cm）

（6）拼缝后片育克（图7-14）

后片衣育克反面朝上，后衣身正面朝上，对准缝份车缝 1cm 宽；然后按照 a 线位置翻烫后育克，距离育克边 3.5cm 宽处缉 0.1cm 和 0.8cm 双明线。

（7）做板袋

① 扣折缝份（图 7-15-①）：分别将板袋布上下两条边向反面折扣 1cm 宽缝份。

② 缉缝（图 7-15-②）：将袋板布正面与小袋布正面相对，沿袋口边按 1cm 宽缉缝。

③ 缉板袋布明线（图 7-15-③）：将板袋布朝里对折，并使板袋里层两边的止口向里缩进 0.2cm，再沿板袋边缉 0.5cm 宽的明线。

④ 固定袋垫（图 7-15-④）：将袋垫布里口朝反面折烫 0.5cm 宽，袋垫布反面与大袋布正面相叠，在袋垫正面按 0.2cm 宽缉线。

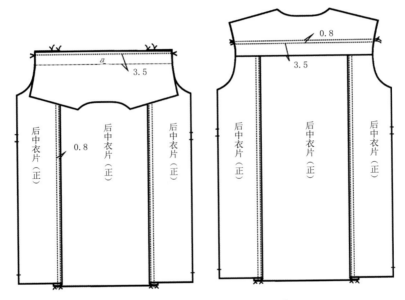

图 7-14 拼缝后衣片育克 （单位：cm）

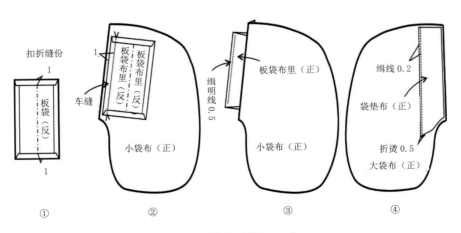

图 7-15 做板袋 （单位：cm）

⑤ 缝袋口（图7-16）：先在衣片反面开袋位置粘22cm×4cm的无纺衬。再将板袋的正面与衣片正面相对，袋垫布的正面与衣片正面对齐，袋口位对齐，连同袋布一起平铺在衣片的正面。在袋口位置绱两道线，长度为板袋布长，两端打好固定倒针，中间间距为1.5cm。注意大袋布绱线两端比小袋布各短0.3cm。

⑥ 剪袋口（图7-17）：在线迹的中间开剪袋口，注意不要剪断线。

⑦ 封袋口（图7-18）：在板袋布两端封缝0.1cm×0.5cm的双止口明线，并在袋板另一边的衣片上绱缝0.1cm宽的明线。

⑧ 绱缝口袋布（图7-19）：在衣片反面将大袋布和小袋布按1cm宽缝份绱缝在一起。

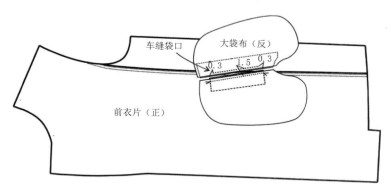

图7-16 缝袋口 （单位: cm）

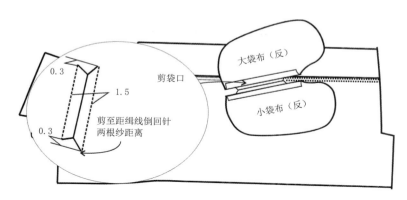

图7-17 剪袋口 （单位: cm）

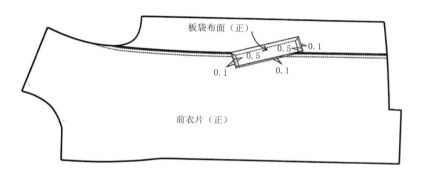

图7-18 封袋口 （单位: cm）

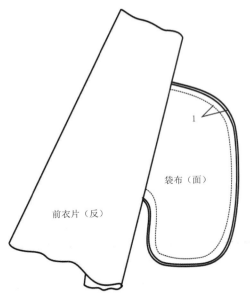

图 7-19 缉缝口袋布 （单位：cm）

（8）敷牵条（图7-20）

在翻驳线、门襟止口、袖窿、前领圈、后领圈，以及肩缝部位敷上1cm宽牵带。除袖窿和领圈部位敷斜丝牵条外，其余部位敷为直丝牵条。驳头止口和翻折线处略带紧，其余部位平敷。

（9）拼挂面（图7-21）

按1cm缝份将挂面和前衣片里子缉缝至距离底边3cm处。注意腰节处里子略放吃势，以免里子牵吊。然后将缝份倒向里子熨烫平整。

（10）拼缝后龟背（图7-22）

按1cm缝份将后龟背与后衣片里子缉缝在一起，将缝份倒向里子熨烫平整。

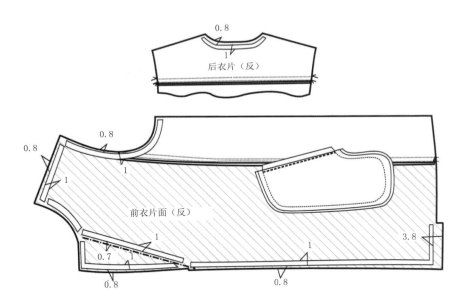

图 7-20 敷牵条 （单位：cm）

Q&A:

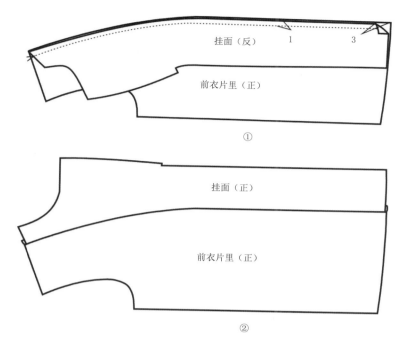

挂面（反）　　　1　　　3

前衣片里（正）

①

挂面（正）

前衣片里（正）

②

图 7-21 拼挂面 （单位：cm）

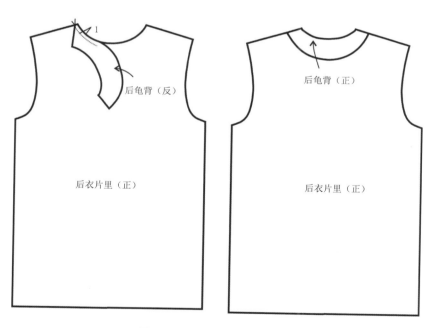

1

后龟背（反）

后龟背（正）

后衣片里（正）

后衣片里（正）

图 7-22 拼缝后龟背 （单位：cm）

（11）复挂面

① 缝合门襟（图7-23）：将挂面与前衣片正面相对，挂面在上，驳折点以上挂面偏出0.5cm，以下与衣片平齐。由装领对位点开始沿前门襟止口净样线缝缝至挂面下摆宽。将挂面在底边3cm宽处打刀剪口，使缝份倒向挂面，再将其余缝份倒向里子烫好。注意要将驳角、底摆转角处的窝势做好。

② 修剪门襟止口缝份（图7-24）：在装领缺嘴处、驳折点处打剪刀口。然后将衣身装领缺嘴至驳口部分修剪至0.3cm宽，驳

口至下摆部分修剪至0.5cm宽。将挂面缺嘴至驳口部分修剪至0.5cm宽，驳口至下摆修剪至0.3cm宽。

③ 扣烫门襟止口缝份（图7-25）：以驳折点为分界，将驳折点以上向挂面方向烫倒，留出挂面座势宽0.2cm。驳折点以下向衣片方向烫倒，留出衣身坐势宽0.2cm。

④ 缉门襟止口明线（图7-26）：翻出门襟止口，以驳折点为分界，分两段缉门襟止口明线。将挂面从领缺嘴处开始缉至驳折点，再将衣片从驳折点开始缉明线至挂面底边宽。双明线止口宽为0.1cm和0.8cm。

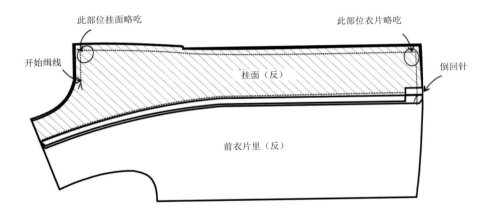

图7-23 缝合门襟

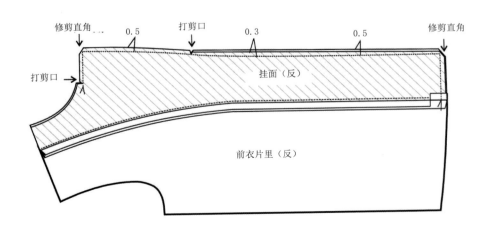

图7-24 修剪门襟止口缝份 （单位：cm）

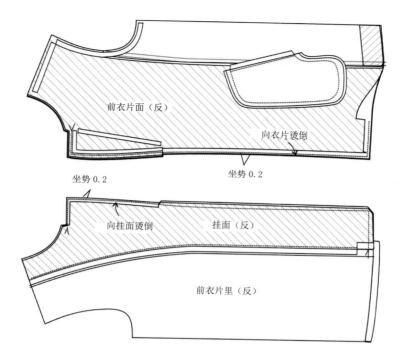

前衣片面（反）

向衣片烫倒

坐势 0.2

坐势 0.2

向挂面烫倒　　挂面（反）

前衣片里（反）

图 7-25　扣烫门襟止口缝份　（单位：cm）

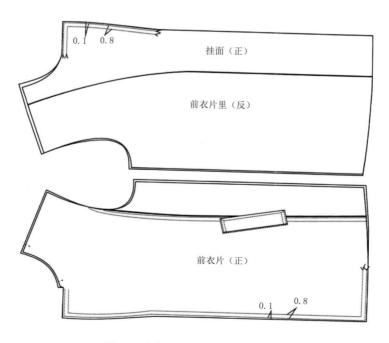

0.1　0.8　　挂面（正）

前衣片里（反）

前衣片（正）

0.1　0.8

图 7-26　缉门襟止口明线　（单位：cm）

（12）缝合侧缝、肩缝

① 缝合侧缝：将前后衣身正面相对，腰节线对位标记对齐，按净样线缉缝侧缝，并分开烫平。再按同样的方法缉缝好里子侧缝，并将缝份倒向后衣片烫好。

② 缝合肩缝（图7-27）：后衣片与前衣片正面相对，前衣片在上，左右肩缝对齐，按1cm宽缝份缉缝。注意缝合时后肩线中部略有吃势。

③ 缉压肩缝明线（图7-28）：翻到衣片正面，将缝份往后片烫倒，在后肩缝缉压0.1cm和0.8cm宽的双明线。

（13）做腰带、袖襻（图7-29）

袖襻和腰带的缝制方法相同，不同之处是袖襻没有装带扣。下面以腰带为例讲解缝制方法（图7-29）。

首先将腰带面与腰带里正面相对，按1cm缝份缉缝，注意面子略吃。然后修剪缝份，腰带面留0.5cm宽，腰带里留0.3cm宽。翻转腰带至正面。将腰带正面熨烫平整，保证面子的坐势。面子朝上缉压0.6cm宽的单明线。最后将腰带扣在腰带端部缝好。

（14）缉缝底摆、固定面里

（参照男西服制作工艺，本章略）

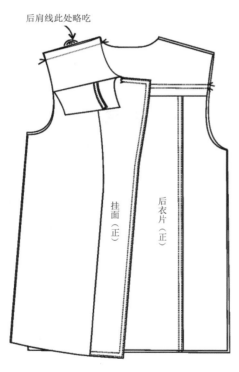

图7-27 缝合肩缝

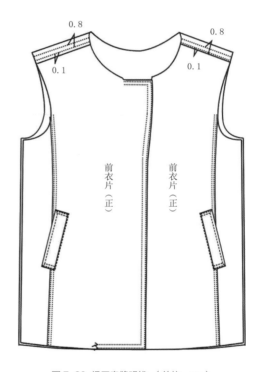

图7-28 缉压肩缝明线 （单位：cm）

Q&A：

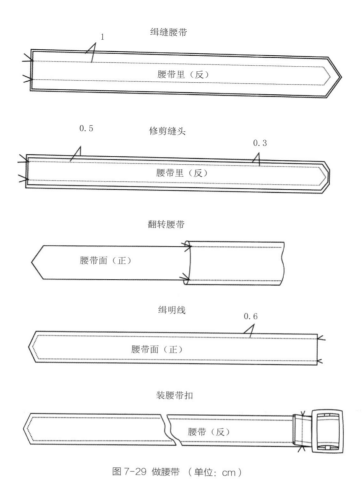

图 7-29 做腰带 （单位: cm）

（15）做领

① 粘领衬（图 7-30- ①、图 7-30- ②）：首先将裁剪好的加强衬（按翻领衬净样裁剪）叠放在翻领衬上，然后再将翻领净样衬与翻领面（反面）黏合。黏合后，修剪缝份，成领内弧为 1.2cm 宽，外弧为 0.8cm 宽。领座净样衬和领座反面粘合。

② 做翻领（图 7-30- ③）：把翻领面与翻领里正面相对，剪口对齐绢缝，在绢缝领角时，翻领面略放吃势，翻领里稍带紧，绢缝好后烫匀吃势量。注意：缝合时，针脚需离衬 0.1cm 宽，两领角绢直平服，再将缝份修剪至 0.3cm 宽，直角处可修剪至 0.2cm 宽；翻出领子，熨烫领子窝势，领面吐出 0.1cm 宽，再在领面绢止口明线 0.8cm 宽。

③ 做领座（图 7-30- ③）：领座上装领襻、领钩，把领钩平齐左领座止口，领襻放在右边，襻超出领座止口 0.2cm。修剪领衬的四周至少比净样少 0.1cm 宽，再与领座（反）黏合，修剪缝份至 0.8cm 宽。四周向内扣折烫，翻转烫平，在领襻处装上小舌头（做成圆头），绢明线 0.8cm 宽。

④ 缝合翻领与领座（图 7-30- ④）：缝合翻领与领座时，领面略有吃势。首先做好对位刀眼，将领座叠放于翻领里上（正面），距翻领领衬 0.1cm。缝合翻领与领座，在缝进领口 2cm 处开始吃势，到颈肩转折处吃势略多，领片中间可不设吃势，对齐刀眼位，绢线顺直。注意：只缝合领座与翻领连接处。

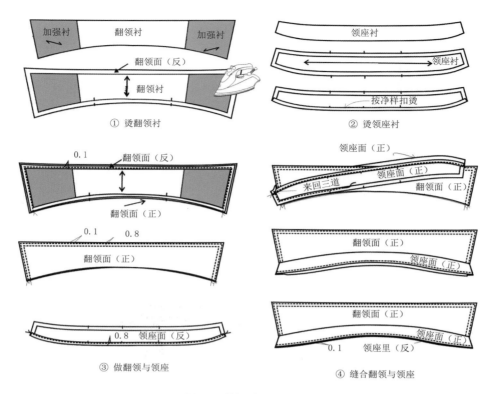

图 7-30 做领 （单位：cm）

（16）装领

① 装领（图 7-31）：将领座面与衣身领圈面子正面相对，对齐对位记号，缉缝在一起，并将缝份分开烫平。按同样的方法将领里与衣身里缉缝在一起，分开烫平。

② 缉领座止口明线（图 7-32）：沿领座正面缉压一圈 0.1cm 宽的止口明线。

（17）做袖、绱袖

① 做袖面（图 7-33）：将大袖片与小袖片正面相对，袖襻夹于中间，距离净袖口线 8cm 宽，按对位点对齐以 1cm 缝份缉缝。缝份倒向大袖片，缉 0.1cm 和 0.8cm 宽的双明线。再将大小袖的袖底缝缉合，缝份分开烫平，最后在袖襻头钉上纽扣。

② 做袖里、绱袖：参照男装西服做袖、绱袖工艺（图 6-68~ 图 6-77）。

（18）锁眼、钉扣

① 锁扣眼：左片驳角处锁一装饰扣眼。其余部位照预设扣眼位置，将左前衣片锁双排圆头扣眼。

② 钉扣：按照预设位置，在右前衣片钉双排纽扣。

（19）整理

撤掉驳头和领子上的固定线，把衣服上所有部位的线头清剪干净。

（20）整烫

反面熨烫以喷水为主，正面盖水布熨烫，先将所有缝份熨烫一遍，注意缉明线部位不能烫出极光。

① 烫袖窿：将风衣翻转至反面，把袖底放在铁凳上，盖湿布熨烫，垫肩部位不能轧烫。

② 烫袖子：将袖子套进长形布馒头上（或

专用袖型烫架上），把袖子不平服处垫上垫布，用蒸汽熨斗烫平，缉明线部位可以多烫几下，但不能烫出极光，以使整个袖子平服而有立体感。

③ 烫肩部：烫肩部时，不可烫到袖山弧线，以免破坏袖子的立体感，保证肩线要平整、对称。

④ 烫前身止口：烫止口时应注意止口不能倒露。然后翻转止口，用同样方法熨烫止口反面。

⑤ 烫胸部：前衣片熨烫平整，烫后的胸部造型丰满而符合人体体型。烫后无极光、无褶子、无折痕。

⑥ 烫摆缝和下摆：烫摆缝时必须把摆缝放平、放直，注意摆缝不能拉还，烫好的下摆呈自然平服的形态，没有任何折痕，并使反面夹里的座势宽窄保持一致。

⑦ 烫背部：背部熨烫平整，无被烫坏或压坏。

⑧ 烫夹里：风衣面子烫好之后，翻到反面，将前后身夹里起皱的部位用熨斗轻轻烫平。

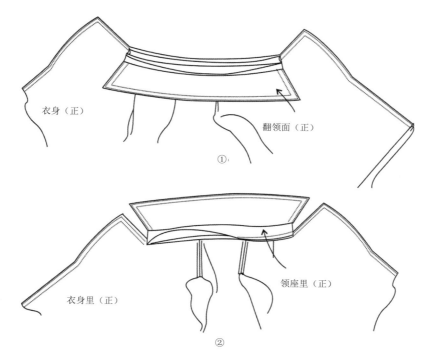

图 7-31 装领

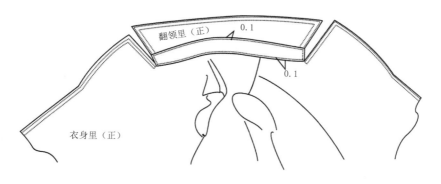

图 7-32 缉领座上口明线 （单位：cm）

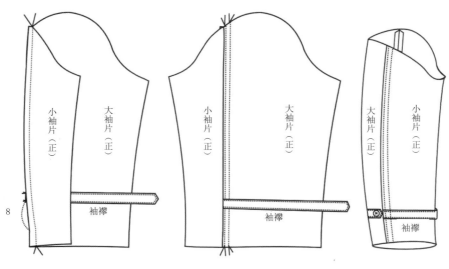

图 7-33 做袖面 （单位：cm）

3. 检查与评价

请对照表 7-4 拿破仑领风衣工艺设计任务评价参考标准进行自查自评。

表 7-4 拿破仑领风衣工艺设计任务评价参考标准

评价内容		权重	计分	考核点	备注
操作规范与职业素养（15分）		5分		纪律：服从安排、不迟到等。迟到或早退一次扣0.5分，旷课一次扣1分，未按要求值日一次扣1分	出现人伤械损等较大事故，成绩记0分
		4分		安全生产：按规程操作等。人离未关机一次扣1分	
		3分		清洁：场地清扫等。未清扫场地扣1分	
		3分		职业规范：工具摆放符合"6S"要求	
样衣缝制（85分）	裁剪质量	20分		裁片与零部件图片一致；各部位的尺寸规格符合要求，裁片修剪直线顺直、弧线圆顺。发现尺寸不合理、线条不圆顺每处扣2分，扣完为止	样衣经检查为次品的该项最高记40分，经检查为废品的该项记0分
	缝制质量	50分		缝份均匀，缝制平服；线迹均匀，松紧适宜；成品无线头。口袋左右对称，袋角方正。领子注意左右领角对称、长短一致，装领平服。绱袖要求绱袖圆顺，袖位准确。缝制质量不合格每处扣5分，扣完为止	
	熨烫质量	15分		成品无烫黄、污渍、残破现象。每处错误扣3分，扣完为止	
总分		100分			

本章小结：

1. 此款前后片用料可根据大衣用料要求，选用呢料。（面料选用）

2. 此款为大衣结构，采用四开身造型结构处理，注意后背长要长于前腰节长。（结构阐述）

3. 此款前片粘烫有纺衬布，纺衬布从袖里翻出，采用暗缲针法手工封口。（工艺阐述）

学习思考：

1. 大衣结构造型要注意哪些环节？请结合你的任务实践，谈谈你的体会与收获。

2. 大衣工艺在进行牵条时要注意哪些要求？

3. 仔细分析图 7-34 拿破仑大衣款式，请设计好该款的生产通知单，制作样衣工业样板（含面料样板、里料样板、衬料样板、辅料样板、工艺样板），完成工艺流程设计和样衣制作。

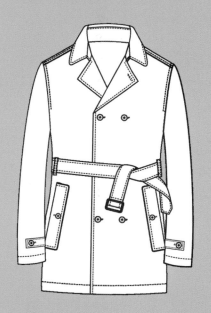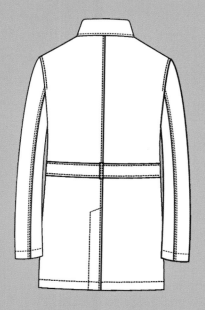

图 7-34 拿破仑大衣

男装特体结构处理

项目描述：

　　如果你测量的体型是标准的且规格尺寸没有问题，并能严格按照要求进行制版操作，你的服装样板是不会有问题的。但如果你测量人体时要领没有把握好，尺寸测量有误，将导致服装样板出错。故此，把握人体测量的要领和部位尺寸测量的规范将有助于服装样板制作。当人体不够标准时或者当制版有所失误时，将出现相应的一些问题。以上将在本项目中进行探讨解决。

学习重点： 人体测量，特体结构造型处理。

学习难点： 特体结构分析，特体结构造型处理。

学习目标：

能正确区分人体体型，掌握人体测量的要领。

能正确进行人体测量，并按照要求进行记录。

能根据不同体型进行服装造型的处理。

能进行安全、文明、卫生作业。

任务一 男下装特体结构处理

男下装外观弊病的种类很多，牵涉制版、工艺、熨烫、后整理以及人体结构等诸多因素。这里仅从人体结构方面对男下装常见的弊病和纸样修正问题进行阐述。

1. 长臀体型

① 外观弊病：裤子腰头后部被下拉，而且后部有可能出现紧绷的横线（图8-1-①）。

② 纸样修正：在后裤片臀围线部位画线，并沿线剪开（图8-1-②），根据长臀部位特征加放合适的楔形量（图8-1-③）。如图8-1-④实线画出后裤片新轮廓线。

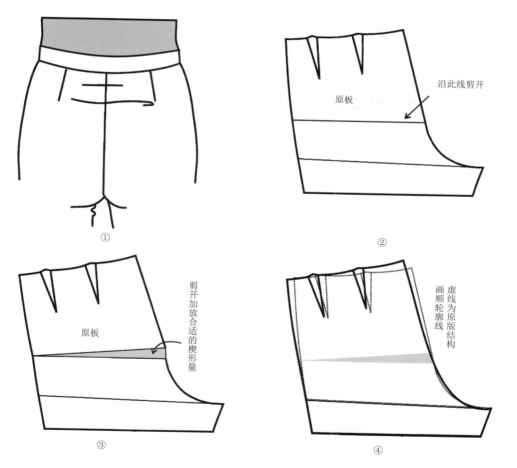

图8-1 长臀体型纸样修正

2. 短臀体型

① 外观弊病: 裤子后部下坠形成横褶(图8-2-①)。

② 纸样修正: 在后裤片臀围线部位画线, 并沿线剪开(图8-2-②), 根据短臀部位特征重叠适当的楔形量(图8-2-③)。如图8-2-④实线画出后裤片新轮廓线。

3. 凸肚体型

① 外观弊病: 裤子前片被下拉, 而且出现紧绷的横线(图8-3-①)。

② 纸样修正: 在前裤片裆线部位15cm处画线, 并沿线剪开(图8-3-②), 根据凸肚部位特征重叠合适的楔形量(图8-3-③)。再沿臀围线剪开(图8-3-④), 拉抬适当的楔形量, 以抬高腰线(图8-3-⑤)。实线画出前裤片新轮廓线(图8-3-⑥)。

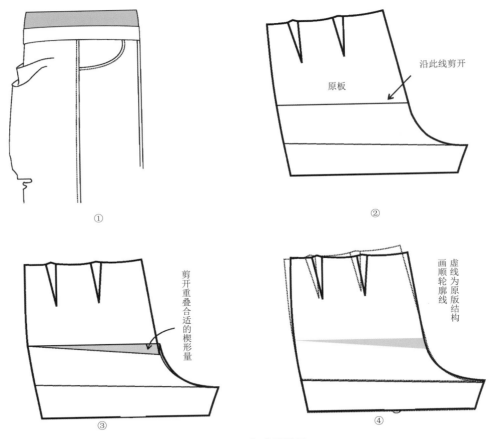

图 8-2 短臀体型纸样修正

Q&A:

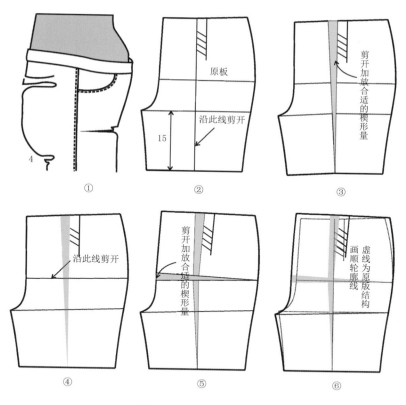

图8-3 凸肚体型纸样修正

4. 翘臀体型

① 外观弊病：裤子在臀围处被拉紧而且裤裆紧绷，裤子需要额外的臀围围度和裆线长度。

② 纸样修正：从裤腰基础位置测量人体裆的实际围度，再测量后裤片裆的净缝线尺寸，计算出需增加的裆量（图8-4-①）。按照长臀纸样修正的方法，沿臀围线剪开，根据计算出的差量拉抬合适的楔形量（图8-4-②）。将腰口长度分为两等份，在中间部位和后中部位各作一条与侧缝平行的辅助剪切线a和b（图8-4-③）。沿a线剪开，平行拉开1cm，在b线部位如图拉开1.5cm的楔形量（图8-4-④）。按实线画出前裤片新轮廓线（图8-4-⑤、图8-4-⑥）。

③ 温馨提示：此纸样修正方法，在腰部增加了1cm的量，要将这1cm的量在腰省中消除。

在延长裆线时，要测量实际裆线尺寸以确保准确的裆量。

5. 特殊腿型

① 外观弊病：人体站立时双腿呈八字腿或"O"形腿，着装时会影响裤子的下垂性（图8-5-①）。

② 八字腿纸样修正：沿烫迹线剪开（图8-5-②），在脚口位拉开加放合适的楔形量（图8-5-③），最后实线画出前裤片新轮廓线（图8-5-④）。

"O"形腿纸样修正：首先按照八字腿纸样修正方法拉开加放脚口楔形量，沿中裆线剪开（图8-5-⑤），以中裆线中点为旋转点，拉开加放侧缝楔形量，在内侧缝处重叠相应的楔形量（图8-5-⑥），实线所示画出前裤片新轮廓线（图8-5-⑦、图8-5-⑧）。

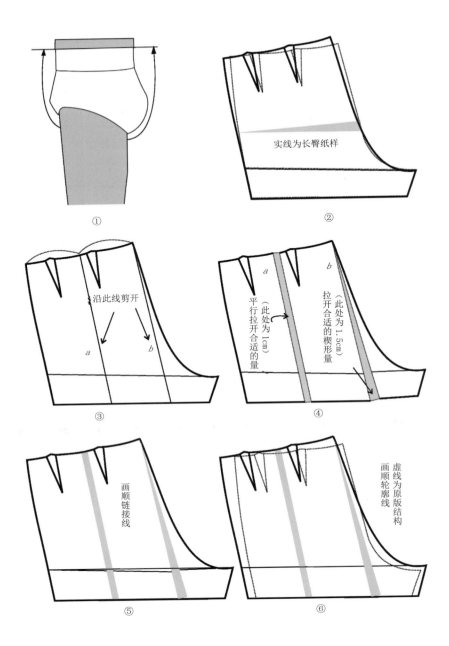

①

②
实线为长臀纸样

③
沿此线剪开
a   b

④
a   b
平行拉开合适的量
（此处为1cm）
拉开合适的楔形量
（此处为1.5cm）

⑤
画顺链接线

⑥
虚线为原版结构
画顺轮廓线

图 8-4 翘臀体型纸样修正

Q&A：

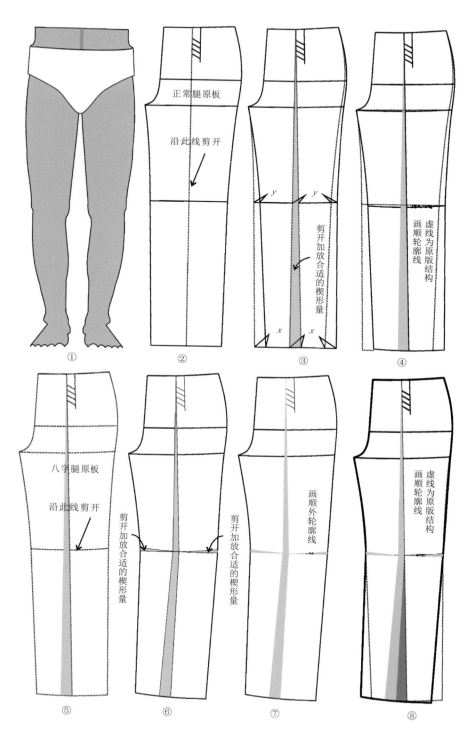

① ② ③ ④
⑤ ⑥ ⑦ ⑧

正常腿原板

沿此线剪开

剪开加放合适的楔形量

虚线为原版结构
画顺轮廓线

八字腿原板

沿此线剪开

剪开加放合适的楔形量

画顺外轮廓线

剪开加放合适的楔形量

虚线为原版结构
画顺轮廓线

图 8-5 特殊腿型纸样修正

6. 检查与评价

请对照表 8-1 下装特体结构处理任务评价参考标准进行自查自评。

表 8-1 下装特体结构处理任务评价参考标准

评价内容		权重	计分	考核点	备注
操作规范与职业素养（15分）		5分		纪律：服从安排、不迟到等。迟到或早退一次扣0.5分，旷课一次扣1分，未按要求值日一次扣1分	出现人伤械损等较大事故，成绩记0分
		4分		清洁：场地清扫等，未清扫场地一次扣1分	
		3分		事先做好准备工作、工作不超时	
		3分		职业规范：工具摆放等符合"6S"要求	
下装特体（85分）	特体种类	10分		能准确说出下装特体的主要种类，答对6个记满分	不漏项，每处错误、交代不清楚或者漏项扣2分，扣完为止
	特体处理	10分		能根据下装特体种类选择纸样原版，选择正确记满分	
	纸样修正	65分		能选用正确的纸样修正的方法和步骤，选择有误记0分。修正纸样完毕要检查样板拼合是否长短一致。每出现错误一处扣2分，扣完为止。两片或两部件拼合，有吃势，应标明吃势量，并做好对位剪口标记。缺少一项扣3分，扣完为止	
总分		100分			

Q&A:

任务二　男上装特体结构处理

男上装外观弊病的种类很多，牵涉制版、工艺、熨烫、后整理以及人体结构等诸多因素。这里仅从人体结构方面阐述男上装常见的弊病问题和纸样修正。

1. 上体前倾体型

① 外观弊病：上衣穿着很合体，但是后衣片抬高，后衣片向前摔（图8-6-①）。

② 纸样修正：在后衣片背宽部位画线，并沿线剪开（图8-6-②）。按住 〇 点旋转上部纸样根据背部特征加放合适的楔形量（确保后领

中点保持在后中心线上，图8-6-③）。如图8-6-④所示画出后片的新轮廓线。

③ 温馨提示：如果上体后背弯曲度较大（即驼背体），后衣片的抬高量要大于1.5cm。沿着腰线前后片剪开（图8-6-⑤），在后片腰线处抬高加入适当的楔形量，然后依据图8-6-①～图8-6-④中所示方法加背部楔形量以进一步抬高后片背部。最后如图8-6-⑥所示重新画衣片轮廓线。

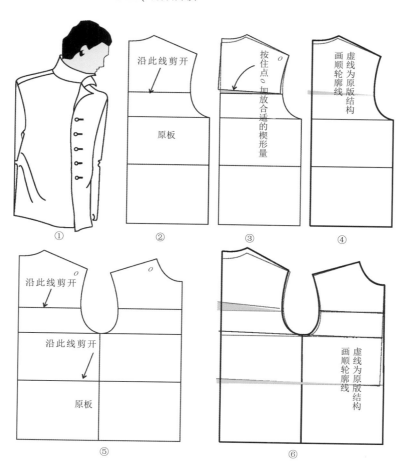

图 8-6 上体前倾体型纸样修正

2. 上体后仰体型

① 外观弊病：上衣穿着很合体，但是前衣片抬高，前衣片向后摔（图8-7-①）。

② 纸样修正：在前衣片胸宽部位画线，并沿线剪开（图8-7-②），按住〇点旋转上部纸样，根据胸部特征加放适当的楔形量（确保前领中点保持在前中心线上，图8-7-③）。最后如图8-7-④所示画出前片的新轮廓线。

3. 后背较短体型

① 外观弊病：在服装后背出现多余的横量（图8-8-①）。

② 纸样修正：在后衣片背宽部位画线，并沿线剪开（图8-8-②），平行重叠合适的量（图8-8-③）。最后如图8-8-④所示画出后衣片的新轮廓线。

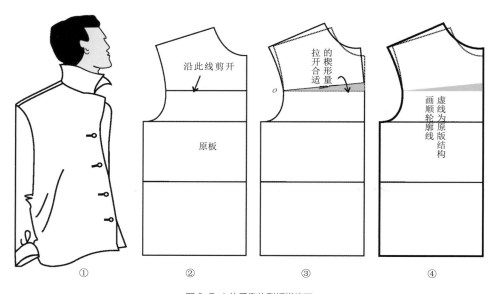

图 8-7 上体后仰体型纸样修正

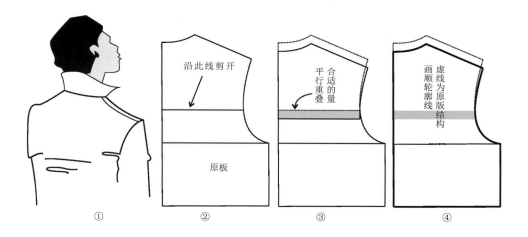

图 8-8 后背较短体型纸样修正

4. 后背较长体型

① 外观弊病：因后背较圆润而造成后衣片吊起（图8-9-①）。

② 纸样修正：在后衣片背宽部位画线，并沿线剪开（图8-9-②），平行拉伸合适的量（图8-9-③）。最后如图8-9-④所示画出后衣片的新轮廓线。

5. 宽肩体型

① 外观弊病：服装其他部位合身，但肩部处服装过窄。

② 纸样修正：先算出肩差量，标出前后肩点A，B，过A，B画水平线，按照肩差量分别重新连接D、C和前后肩颈点，并重画袖窿弧线（图8-10）。

6. 窄肩体型

① 外观弊病：服装其他部位合身，但肩部处服装过宽。

② 纸样修正：先算出肩差量，标出前后肩点A，B，过A，B画水平线，按照肩差量分别重新连接F，E和前后肩颈点，并重画袖窿弧线（图8-11）。

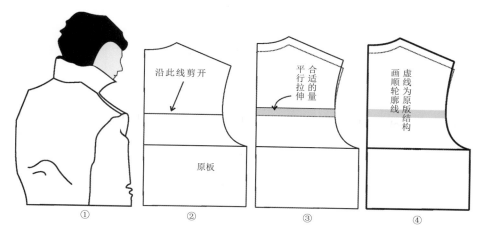

图 8-9 后背较长体型纸样修正

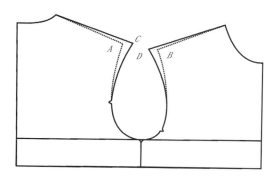

图 8-10 宽肩体型纸样修正

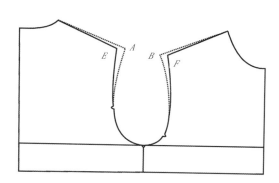

图 8-11 窄肩体型纸样修正

7. 平肩体型

① 外观弊病：在后领口下方出现横向横纹（图 8-12- ①）。

② 纸样修正：在后衣片肩部部位画线，并沿线剪开（图 8-12- ②），以后肩领点为固定点，在袖窿部位拉开合适的楔形量（图 8-12- ③）。如图 8-12- ④所示画出后衣片的新轮廓线，并按照同样方法修正前衣片。

③ 温馨提示：为确保袖窿弧线长度不变，可以抬高袖窿深点（但实际上许多平肩的个体其袖窿也较深，因此，这种情况下就不需抬高袖窿深点，但要重画袖窿弧线）。

8. 溜肩体型

① 外观弊病：在后片袖窿处出现斜纹（图 8-13- ①）。

② 纸样修正：在后衣片肩部部位画线，并沿线剪开（图 8-13- ②），以后肩领点为固定点，在袖窿部位重叠合适的楔形量（图 8-13- ③）。如图 8-13- ④所示画出后片的新轮廓线。按照同样方法修正前衣片。

③ 温馨提示：为确保袖窿弧线长度不变，可以降低袖窿深点，以确保袖窿弧线长度保持不变。

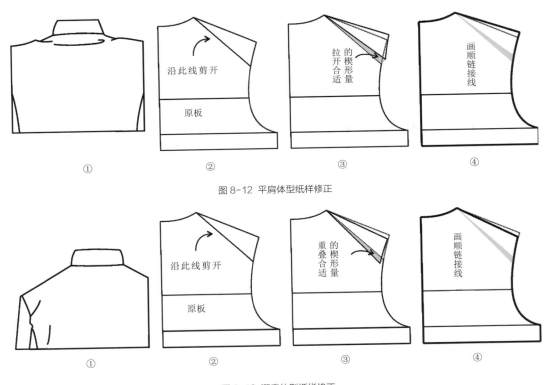

图 8-12 平肩体型纸样修正

图 8-13 溜肩体型纸样修正

Q&A：

9. 袖子后倾

① 外观弊病：袖子前段出现斜纹，袖身将向后倾斜（图8-14-①）。

② 纸样修正：沿袖子肩点对位标记向前移动，标出袖子的新平衡点，其他相应的对位记号点也要做出移动（图8-14-②）。

10. 袖子前倾

① 外观弊病：袖子后段出现斜纹，袖身将向前倾斜（图8-15-①）。

② 纸样修正：袖子肩点对位标记向后移动，标出袖子的新平衡点，其他相应的对位标记点也要做出移动（图8-15-②）。

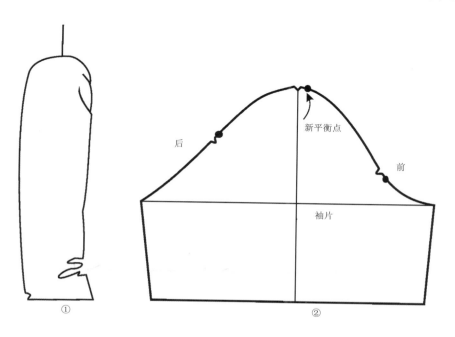

图 8-14 袖子后倾纸样修正

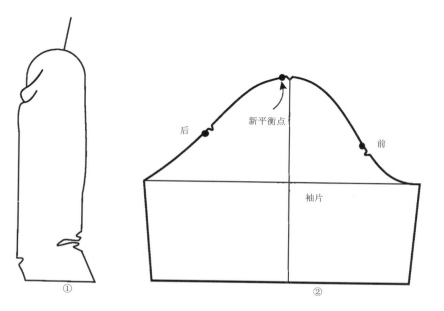

图 8-15 袖子前倾纸样修正

11. 检查与评价

请对照表 8-2 上装特体结构处理任务评价参考标准进行自查自评。

表 8-2 上装特体结构处理任务评价参考标准

评价内容		权重	计分	考核点	备注
操作规范与职业素养（15分）		5分		纪律：服从安排、不迟到等。迟到或早退一次扣0.5分，旷课一次扣1分，未按要求值日一次扣1分	出现人伤机械损等较大事故，成绩记0分
		4分		清洁：场地清扫等，未清扫场地一次扣1分	
		3分		事先做好准备工作、工作不超时	
		3分		职业规范：工具摆放等符合"6S"要求	
上装特体（85分）	特体种类	10分		能准确说出特体的主要种类，答对10个记满分	不漏项，每处错误、交代不清楚或者漏项扣2分，扣完为止
	特体处理	10分		能根据特体种类选择纸样原版，选择正确记满分	
	纸样修正	65分		能选用正确的纸样修正方法和步骤，选择有误记0分。修正纸样完毕要检查样板拼合长短一致。每出现一处错误扣2分，扣完为止。两片或两部件拼合，有吃势，应标明吃势量，并做好对位剪口标记。缺少一项扣3分，扣完为止	
总分		100分			

本章小结：

1. 下装特殊体型的结构造型处理主要观察人体的腰部、裆部、臀部、腹部、腿部和下肢的着装状态，然后分析弊病存在原因，选择合理的方法进行纸样修正。

2. 上装特殊体型的结构造型处理主要观察人体的胸部、背部、臀部、腹部、肩部和上肢的着装状态，然后分析弊病存在原因，选择合理的方法进行纸样修正。

学习思考：

1. 下装特体主要弊病有哪些？举例并说明如何进行纸样修正。

2. 上装特体主要弊病有哪些？举例并说明如何进行纸样修正。

后 记

　　服装制版与工艺是现代服装工程的两个重要的组成部分，是款式造型的延伸和发展。制版与工艺环节相互渗透，互为补充，不能割裂。服装制版要达到"三准一全"：三准，即款式、尺寸、细部计算准确；全，即面、里、衬等版型齐全。服装工艺则要达到造型立体舒适、局部平整美观。编者以此为准绳，结合多年教学经验，并不断进行改革与探索。本书以"专业＋项目＋工作室＋工厂＋市场"的工学交替人才培养模式为基础，引入企业的真实工作任务，意图构建任务引领、项目驱动等教学模式，培养学生的男装工艺单分析能力、纸样设计能力和工艺制作能力。力求引导学生在进行产品设计与开发时，体验企业真实的工作过程，培养综合职业能力。

　　本书选取男装企业的时尚产品作为教学内容，结合服装企业制版与样衣制作岗位的实际工作过程，以工艺单分析、款式结构、纸样设计、工艺制作等工作流程为主线，结合企业的产品开发要求和质量标准，分别对西裤、衬衫、夹克、马甲、西服和大衣的结构设计、放缝排料和工艺设计等进行了详尽的阐述，并对男装特体结构处理进行了分析与介绍，以提升学生对生产工艺单的理解分析能力、纸样造型能力和工艺创新能力。

　　本书在编写的过程中得到学校、企业与同行的支持，在此一并表示衷心感谢。由于时间仓促，书中难免存在不足之处，敬请专家、同行和广大读者批评指正。

马万林

2019 年 12 月 16 日

后记

参考文献

[1] 马万林，周洁.男装制版与工艺[M].合肥：合肥工业大学出版社，2014.

[2] 威尼弗雷德·奥尔德里奇.男装样板设计[M].王旭，丁晖译.北京：中国纺织出版社.2003.

[3] 丁学华.男装制作工艺[M].北京：中国纺织出版社，2005.

[4] 张繁荣.男装结构设计与产品开发[M].北京：中国纺织出版社，2014.

[5] 日本文化服装学院，日本文化女子大学.文化服装讲座 第5册 男装篇[M].北京：中国展望出版社，1981.

[6] 刘瑞璞.男装纸样设计原理与应用[M].北京：中国纺织出版社，2017.

[7] 葛瑞·克肖.英国经典男装样板设计[M].北京：中国纺织出版社，2018.

[8] 鲍卫君.男装工艺[M].上海：东华大学出版社，2014.

[9]（韩）金明玉，（美）金仁珠.男装结构与纸样设计[M].上海：东华大学出版社，2015.

[10] 刘瑞璞.男装纸样设计原理与应用训练教程[M].北京：中国纺织出版社，2017.

[11] 李兴刚.男装结构设计与缝制工艺[M].上海：东华大学出版社，2014.

[12] 孙兆全.经典男装纸样设计（第3版）[M].上海：东华大学出版社，2014.

[13] 刘瑞璞.服装纸样设计原理与技术 男装篇[M].北京：中国纺织出版社，2005.

[14] 袁良.男装精确打板推板[M].北京：中国纺织出版社，2006.

[15] 戴孝林.男装结构与工艺[M].上海：东华大学出版社，2013.

[16] 万宗瑜.男装结构设计[M].上海：东华大学出版社，2011.

[17] 苏永刚.男装成衣设计[M].重庆：重庆大学出版社，2009.

[18] 向东.男装构成剪裁与缝制[M].北京：中国纺织出版社，2001.

[19] 东京服饰专门学院.服装函授讲座：男装[M].北京市服装研究所教研室编译.北京：轻工业出版社，1987.